新・兵器と防衛技術シリーズ④

艦艇装備＆ 先進装備の 最新技術

防衛技術ジャーナル編集部　編

はじめに

　防衛技術協会が発行している月刊誌「防衛技術ジャーナル」では、平成23年（2011年）から「防衛技術基礎講座」を約6年間にわたって連載致しました。主に「航空装備技術」「陸上装備技術」「艦艇装備技術」「電子装備技術」「先進技術」の装備分野別に分類したものであり、その完結を期に、「新・兵器と防衛技術シリーズ」として刊行することに致しました。一昨年12月の「航空装備の最新技術」を皮切りとして半年おきに「電子装備の最新技術」「陸上装備の最新技術」を順次発行してまいりましたが、このほど最終巻となる「艦艇装備＆先進装備の最新技術」が完成致しました。本書の中に収録したのは、同講座の"艦艇装備技術"（平成24年10月号〜25年8月号）と"先進装備技術"の一部からシミュレーション技術に関する記述（平成28年1月号〜28年3月号）とパワードスーツ、先進エネルギーシステム、宇宙技術（平成28年9月号〜29年3月号）であり、再編集するに当たっては組み換え並びに一部加筆修正しました。

　また、本書を発刊するに当たって快くご同意下さった下記のご執筆者の皆様に厚く御礼申し上げます。

　赤司　茂、岡本　慶雄、沖　良篤、笠原　昭夫、金田　章、小谷　健人、齋藤　靖之、里見　晴和、篠原　研司、島村　敏昭、清水　俊彦、月森　利直、戸田　康永、福田　浩一、毛利　隆之、矢農　正紀。

（以上50音順、敬称略）

平成30年5月
「防衛技術ジャーナル」編集部

第 1 章

艦艇システム技術

1．水上艦艇システム技術

わが国の国土面積は約38万km²にすぎないが、排他的経済水域は約405万km²であり、国土面積の約11倍の面積[1-1] を有する。このような広大な水域を防衛するためには水上艦艇が必要であることは自明であろう。

水上艦艇システムの基幹技術である船舶工学については、多くの成書（例えば文献[1-2]）があることから、ここでは、船舶工学全体については触れず、水上艦艇システム技術のうち、艦種の分類および船型について簡単に触れるとともに、また水上艦艇システム技術と関連した水槽試験などについて紙面を割くこととしたい。

1.1　水上艦艇とは

海上自衛隊が使用する艦船の分類を**表1-1**および**表1-2**に示す[1-3]。表の中で、潜水航走が可能な潜水艦および練習潜水艦以外の艦船が水上艦船となる。また水上艦船の中で支援船を除いたもの、すなわち自衛艦に属するものがいわゆる水上艦艇となる。

表からも明らかなように、水上艦艇と称しても、その種類はさまざまであり、このため、排水量、船長、船型についても多種多様であることが通例である。すなわち、護衛艦であれば、所要の装備品（武器）を搭載できることは当然のことであり、船体については高い防御能力を有し、速力については高速航走可能で、かつ操縦性が良いことが求められる。さらに、艤装については船体下部には、推進器のほか、音響機器を搭載しつつ、上部構造物には、レーダなど多数の機器を配置する必要がある。このため護衛艦の設計に際しては、以上の要求を満たしつつ、運動性能、復原性能など、艦として必要とされるすべての条件について満足させるようにしなければならない。

他方、掃海艇について考えると、船体については、機雷が感応しないように、

表1-1　海上自衛隊が使用する艦船の分類
（その1）[1-3]

区　分	分　類		種　別
	大分類	中分類	
自衛艦	警備艦	機動艦艇	護衛艦※
			潜水艦
		機雷艦艇	掃海艦
			掃海艇
			掃海管制艇
			掃海母艦
		哨戒艦艇	ミサイル艇
			哨戒艇
		輸送艦艇	輸送艦
			輸送艇
			エアクッション艇
	補助艦	補助艦艇	練習艦
			練習潜水艦
			訓練支援艦
			多用途支援艦
			海洋観測艦
			音響測定艦
			砕氷艦
			敷設艦
			潜水艦救難艦
			潜水艦救難母艦
			試験艦
			補給艦
			特務艦
			特務艇

※護衛艦については、訓令による分類とは別に、「汎用護衛艦」、「ミサイル護衛艦」あるいは「ヘリコプタ搭載護衛艦」などの表現を用いることがある（例えば文献[1-4]）。

表1-2　海上自衛隊が使用する艦船の分類（その2）[1-3]

区　分	分　類	種　別
支援船	第1種船	えい船
		水船
		油船
		廃油船
		運貨船
		起重機船
		交通船
		消防船
		設標・救難船
		設標船
		清掃船
		作業船
	第2種船	水中処分母船
		練習船
		敷設船
		特務船
	第3種船	機動船
		カッター
		伝馬船
		ヨット
	第4種船	保管船
	第5種船	特別機動船

船体の材質は非磁性であることが求められ、さらに掃海掃討に必要な器材を搭載する場所の確保および掃海掃討器材の展開、揚収が可能なことが求められる。

　このため、水上艦艇システムを考える際には、"水上艦艇システム"とひとくくりにするのではなく、艦艇ごとに十分な検討を行う必要がある。

1.2 水上艦艇システム

（1）船型

　水上艦艇システムを考える際には、大きく分けて船体、動力および武装について検討する必要がある。これらの詳細については、文献[1-5]〜[1-7]を参照されたい。また艦艇の流体性能、構造強度および動力推進については今後の本連載に詳しい解説が紹介される予定であるので、それらを期待されたい。今回は、水上艦艇として用いられる船型の概要についてのみ述べる。

（2）単胴船

　通常の水上艦艇は、単胴船であることが多い（**写真1-1**）。これは構造が単純なこと、また長年の建造実績により、設計に必要なデータが整備されていることによるものである。

（3）双胴船

　双胴船とは、単胴船を2隻繋いだ形状の船である。双胴船は単胴船に比較して、広い甲板面積を確保できる一方、旋回性能が劣る、船体構造が複雑となり推進装置の取付に制約があるなどの難点がある。他方、艦規模の割に広い甲板面積が得られる利点を生かすことができることから、海上自衛隊の艦船としては、音響測定艦に双胴船（正確には双胴船の一種であるSWATH（(Small Waterplane Area Twin Hull) 船）の船型が採用されている（**写真1-2**）。

（4）三胴船

　一般に、甲板面積の増加は、排水量および抵抗の増加をもたらし、反対に高速性を重視した排水量の過度な抑制は安定性の低下、甲板面積の不足をもたらす。これら相矛盾する課題の解決手段として、主船体の両側に小型の副船体を設けた三胴船が知られており、水上艦艇として建造した例としては、米海軍のIndependence（**写真1-3**）が知られている。

写真1-1 単胴船の一例（護衛艦）[1-9]

写真1-2 双胴船の一例（音響測定艦）[1-8]

左舷艦首側　　　　　　　　　左舷艦尾側

写真1-3　Independence[1-10]

　他方、三胴船固有の流体力学的性能に関する理論は未だ研究途上である。構造面からは、同規模の単胴船に比べ構造が複雑になり船質を鋼材にした場合、重量が増加することから、Independenceに見られるようにアルミ合金で建造することになる。

　このような状況のため、実船としての三胴船は、一部の民間船では見られるものの、水上艦艇としての大型三胴船は、民間フェリー技術を転用して建造されたIndependenceがほぼ唯一であり、現時点では、水上艦艇としての建造実績は単胴船に比べて極めて少ない。

　以上述べたように、三胴船については、流体性能、構造様式など、未解明な点も多く、明確な設計手法もないが、基礎的な研究は進められており[1-8]、さらに水上艦艇システムとしての三胴船については多くの利点があることから今後、本格的な技術の進展が期待される。

1.3 試験用水槽

（1）試験用水槽の分類

数値流体力学の発達により、水上艦艇の設計に数値計算を援用することが通常である現在においても、艦船のさまざまな現象をすべて数値解析のみで把握することは不可能であり、水槽による試験が不可欠である。このため、各国海軍や国内の主要造船会社では試験用水槽を保有している。本稿では、水上艦艇システムを考える際に用いることがある試験用水槽に限定して、大まかに分類したものを表1-3に示す。以下では各水槽についてそれぞれ説明する。

表1-3　試験用水槽の分類

区　　分	水槽名称	説　　明
静止した水面あるいは波のある水面を模型船が移動する	曳航水槽	模型船は直線的に移動
	角 水 槽	模型船の旋回運動が可能
模型船は固定し水を回流する	回流水槽	模型船は静止

（2）曳航水槽

曳航水槽（別名：長水槽）は、水槽試験において最も一般的な水槽であり、模型船は水槽を跨ぐように移動する曳引車により曳航することにより所要のデータを取得する水槽である。曳航水槽は、水上艦艇に限らず、商船の建造においても必要であることから、諸外国海軍のみならず主要造船会社においても所有している。表1-4に、わが国（公的機関および造船会社）および各国海軍の曳航水槽の諸元を示す。

水槽は、横幅が広いほど、側壁の影響を受けにくくなること、模型船の寸法上の制約が緩和されることから、理想的には広ければ広いほど良い。また長さが長いほど、計測時間を長くとることができ模型船の曳航速度の上限を高く設定できる。しかしながら水槽の建設、維持など、さらには試験実施の工数、模型船の製作費用などを勘案した場合、いたずらにこれら寸法を大きくすることは現実的ではない。表から分かるように米国海軍水槽（写真1-4）の904mを別格として、多くの水槽の長さが200～400m程度であることに、一つの整合点

を窺うことができる。

　実際の水槽試験においては、実物の艦艇よりも小さい、幾何学的相似模型船を用いて行うことが通例であるから、実物の艦艇で生じうる物理現象を模型船による水槽試験で確実に把握できることが求められる。このため、水槽試験においては、フルード数（Froude number）と呼ばれる無次元数を用いることになる。フルード数とは、慣性力と重力の比を表わす無次元数であり、同一のフルード数であれば、船が造り出す波に関しては、理論上は同一の事象が再現できる。

　実際の水槽試験においては、建造予定の艦艇について、船型、航走速度および全長に関する概略が決まれば、同じフルード数になるように模型船の曳航速度および全長を決めることになる。ここで、曳航速度の最大値は水槽設置の曳引車および水槽の長さで規制され、模型船の大きさは、水槽の横幅および深さ

表1-4　水槽諸元（文献[1-10]～[1-19]をもとに作成）

所　有　者	呼　　称	長　さ (m)	幅 (m)	深　さ (m)	曳航速度 (m／s)	備　　考
防衛装備庁艦艇装備研究所	大水槽	247	12	7	8	
	高速水槽	346	6	3	15	
(独)海上技術安全研究所	大水槽	400	18	8	15	
	中水槽	150	7.5	3.5		
三菱重工業(株)	推進性能水槽	165	12.5	7.5	5	
(株)IHI検査計測	船型試験水槽	210	10	5	5 (7)	(無人方式で高速化)
(株)三井造船昭島研究所	大水槽	220	14	6	7	
	小水槽	100	5	2.15	4	
ユニバーサル造船(株)	船型試験水槽	234	18	8	7	
(株)明石船型研究所	曳航水槽	200	13	6.5	5	
米国海軍水上戦センター水槽 (Carderock Division Naval Surface Warfare Center)	CDNSWC#1	271	15.8	6.7	9	Deep part
	(連通)	92		3		Shallow part
	CDNSWC#2	575	15.8	6.7	10	#1と#2は縦連通
	CDNSWC#3&5	904	6.4	3	17	曳引車#3
					26	曳引車#5
独ハンブルグ水槽	HSVA　LTT	300	18	6	8	
仏海軍水槽	B600	545	15	7	12	
英国海軍水槽	Haslar #2	270	12.2	5.5	8	

により規制される。また模型船があまりにも小型であると、計測量が微小となることなどにより、実艦性能の推定に必要な計測精度が期待できなくなるので、ここにも一定の規制が生じる。なお実際の水槽試験においては、同一の模型船について曳引車の曳航速度を変えることにより、フルード数をパラメータとしたデータを取得することになる。このため、曳引車の曳航速度などの計測精度にも十分配慮する必要がある。

　前述したように、艦船の建造に先立ち、水槽試験を行うことが通例であることを踏まえると、同一の水槽でさまざまな模型船の水槽試験を積み重ねることにより、実艦の性能推定に必要なデータが蓄積されていくことになる。

（3）角水槽

　水槽には、前述した曳航水槽（長水槽）とは別に、角水槽がある。長水槽は幅に比較して十分な長さを有するのに対して、角水槽は、長さに比して大きな幅を有する角形の水槽であり、主として船舶の運動性能評価の実験に使用される。角水槽での試験は、模型を台車に固定し、波浪中や平水中で定められた運動を与える拘束模型試験と、模型を自由航走させて応答を求める自由航走試験に大別される。そのために、模型を移動させる曳引台車と、所有者により、模型を追尾するシステムを設けている場合もある。

　さらに波浪中運動性能評価のため、複数の造波装置より構成された造波システムを採用し、これらを制御することにより、実海面に近い複雑な波浪条件（多方向の不規則波）を発生させることが可能な角水槽もある。

　角水槽は、国内には会社（三菱重工長崎、IHI横浜）が所有するほか、公的機関

表1-5　日本における主な角水槽諸元
（文献[1-10]および[1-20]をもとに作成）

所有者	呼　称	長さ(m)	幅(m)	深さ(m)	特　徴
（独）海上技術安全研究所	実海域再現水槽	80	40	4.5	風波浪中の実海域自走試験が可能
	海洋構造部試験水槽	40	27	2	
（独）水産工学研究所	海洋工学総合実験棟	60	25	3.2	

写真1-4　米国海軍水上戦センターの
　　　　水槽施設外観[1-22]

写真1-5　角水槽の例（米国海軍）[1-23]

（海上安全技術研究所、水産総合研究センター水産工学研究所）などが所有している。**表1-5**に、わが国の公的機関が所有する角水槽の諸元を、また**写真1-5**に、米国海軍が所有する角水槽の外観を示す。

（4）回流水槽

　回流水槽とは、閉塞した管路内を一定方向に水が循環的に流れる水槽であり、管路の途中に水の流れを整えた計測胴を設け、計測胴内に計測対象となる供試品を設置することにより、さまざまな現象が計測できる水槽である。

　回流水槽は、自由表面を有する開水路型のものと、自由表面を有しない密閉式のものに大別される。前者は比較的低速で運用され、曳航水槽では観察しにくい船体周りの流場観察などに多用される。一方、後者は高い流速でのキャビテーション現象の観察に多用され、キャビテーション水槽と呼ばれることが多い。

　ここでキャビテーションについて簡単に触れる。キャビテーションとは空洞現象ともいわれ、船舶あるいはポンプなどのプロペラなどで水が加速されることにより水の静圧が局部的に飽和蒸気圧以下に低下し、その部分に気泡が生じる（また生じた気泡が消滅する）現象である。すなわち、流れの絶対圧力が水

温に相当する飽和蒸気圧力にまで下がると、蒸発して流れの中に空洞（Cavity）が発生するようになる。実際の液体には空気が溶解しているから、絶対圧力が蒸気圧力にまで下がる以前に溶解空気が析出して空洞を発生させる。

このように、流れが高速、低圧となって空洞が発生することを空洞現象またはキャビテーション（Cavitation）という。一般に流れの中では最低圧力は物体表面上に発生するから空洞はまずこの部分に発生し、これが流れとともに物体表面上の低圧部から高圧部へ移動する。このとき急激に圧壊し、瞬間的に1万気圧程度の高圧を発生して、物体表面を侵食（Errosion）するようになる[1-24]。

さて、船舶は、通常プロペラにより推進することが多い。ここで前述のとおりプロペラを回転する際にキャビテーションが発生することが知られている。キャビテーションの発生は、プロペラの損傷および騒音振動をもたらすが、とりわけ艦艇の場合は被探知防止および探知性能向上の観点から大きな問題[1-25]である。他方、プロペラの損傷は、商船を含むあらゆる艦船共通の問題であり、キャビテーション現象を計測できる密閉式回流水槽は高性能推進器の開発に不可欠な試験施設である。

キャビテーション現象自体に関する基礎的な研究は古くからなされており[1-26]、このため、キャビテーションを計測できる回流水槽は造船会社などが所有している。しかしながら、艦艇の静粛化を念頭に、雑音を計測できる回流水槽は防

表1-6　回流水槽一覧（文献[1-25]～[1-27]をもとに作成）

所有国		日　本	フランス	ド イ ツ	米　国
名　称		FNS	GTH	HYKAT	LCC
所有者		防衛装備庁	仏海軍	独研究所	米海軍
計測胴［m］	幅	2	2	2.8	3.1
	高さ	2	1.4	1.6	3.1
	長さ	10	10	11	13.1
最大流速［m/s］		15	12	15.4	18
圧力範囲［kPa］		10～300	5.3～600	15～250	3.5～414
背景雑音［μPa@1kHz］		88dB（8m/s）	109.5dB（8m/s）	90dB（6m/s）	112dB（7.7m/s）
完成年		2005	1987	1989	1991

衛上大きな意味を持つことから、各国海軍は、キャビテーションに係る雑音測定が可能な低雑音型の回流水槽を有している例が多い。表1-6に、日本および欧米主要国の低雑音型回流水槽を示す。また日本が有する低雑音型回流水槽であるフローノイズシミュレータ（FNS）の外観を写真1-6に示す。

写真1-6　フローノイズシミュレータ
（階段後方が計測胴）[1-29]

1.4　水槽試験および模型船

（1）水槽試験の種類

　水槽においては、目的に応じてさまざまな試験を行う。主な水槽試験の種類を表1-7に示す。実際の試験においては、一般に下記の数種類の試験を組み合わせることにより所要のデータを得ることで実艦性能の推定を行う。

（2）模型船の種類

　水槽試験で使用する模型船は、曳航水槽あるいは角水槽で使用する模型船と、回流水槽で使用する模型船に大別できる。

　曳航水槽で使用する模型船は、木製やパラフィン、FRPなどで製作される。それぞれが長所・短所を持つが、FRPは模型船内空間を広くとることができ、かつ模型船重量を低く抑えることができるため、自由航走試験などの実施に極めて適している。反面、コストも相対的に高く、また追加工が一般に容易ではないため、切削性などに優れたパラフィン模型を採用するケースも多い。

　回流水槽では、自由表面がないこと、また模型船は固定されていることから、

表1-7　水槽試験の種類

区分	試験名称	使用水槽	内　　容
推進データ取得	平水中抵抗試験	曳航水槽	平水中（波のない状態）で模型船を曳航したときの抵抗値から、実艦の抵抗特性の推定を行うものである。
	推進器単独試験	曳航水槽 回流水槽	曳航水槽では、推進器単独で推進することにより、推進器の単独作動状態における推進性能に関する資料を得る。 回流水槽では、推進器を水槽内で回転させることにより、騒音の計測、キャビテーションの発生状況に関する資料を得る。
	伴流計測試験	曳航水槽	模型船を曳航したときのプロペラ周囲の伴流分布を計測し、プロペラ設計に必要な資料を得る。
	自航試験	曳航水槽 回流水槽	拘束した模型船内に取り付けた自航モータにより実艦に対応した速力で航走させ、プロペラの回転数、推力とトルクを計測し、船体プロペラ間の相互作用を含め、実船の推進性能（エンジン馬力）の推定を行うものである。
	波浪中推進試験	曳航水槽	水槽に波浪を生じさせた状態で模型船を曳航し、推進性能を推定するために行うものである。
操縦データ取得	強制動揺試験	曳航水槽	模型船を拘束治具により拘束し、強制的に動揺させた状態で力を計測し、実艦の動揺性能推定に必要な資料を取得するために行うものである。
	波浪中試験	曳航水槽	水槽に波浪を生じさせた状態で模型船を曳航し、波浪による船体の動揺性能を推定するために行うものである。
	操縦性能試験	曳航水槽 角水槽	水槽内に模型船を航走させ、これにより得られた操縦性能の推定を行うために行うものである。
	自由航走試験	曳航水槽	重心位置などを可能な限り実艦に近い状態に調整した模型船を実際に水槽内で航走（自走）させ、船体運動を直接的に推定するために行うものである。

一般にFRP製であることが多い。これは精度が得られること、水中に設置しても水分を吸わないこと、また水流による力に打ち勝つことが求められることを考慮したためである。

（3）模型船の寸法・構造

　模型船の長さは使用する水槽の大きさおよび試験条件などを考慮して決定する。模型船が大きいほど実艦に近い計測量、すなわち計測誤差に比して大きな計測量が得られることなどの理由により、試験精度は一般に向上する。しかし、模型船の大きさに連動して模型船の曳航速度あるいは回流水槽の流速を増加させる必要があることから、現実には要求される試験条件により最適な模型船の

大きさや構造が左右されることになる。

　曳航試験あるいは角水槽で使用する模型船の排水量は、模型船に各種試験器材を搭載し、かつ模型船の重心などの各種状態を実艦を模擬するためには調整バラストを船内に適切に配置する必要がある。そのため、模型船の強度に問題が生じない限り、模型船重量が試験排水量の50％程度以下であることが一般に望まれる。また模型船の船内スペースに余裕がなければ、このような状態の調整が難しくなる。このように模型船の製作はさまざまな経験やノウハウが必要となり、これらの蓄積が重要となる。

（4）国際水槽試験会議

　水槽試験については、世界的に活動する組織として国際試験水槽会議（通称：ITTC（International Towing Tank Conference）がある[1-30]。ITTCは、水槽試験法に関する調査・検討・標準化に関する国際的な団体であり、「船舶試験水槽業務に拘わる基本事項について基準を設定する」ことを目的としている。

　ITTCの歴史は古く、第1回の会議は、1933年にオランダのハーグで開催された。その後、第2回（1934年）、第3回（1935年）、第4回（1937年）、第5回（1948年）と開催され、以後3年毎に開催されている。最近では第26回の会議が2011年にブラジルのリオ・デ・ジャネイロにおいて開催された。

　ITTCの活動は、船舶試験水槽の業務に関する情報交換であり、具体的には抵抗・推進試験法や解析の手順、計測・解析結果の表現法、使用する物理定数（水の比重・動粘性係数など）の標準値を制定および摩擦抵抗算式の検討である。近年は、これらに加え操縦性・耐航性なども検討対象に含まれている。

　ITTCの加盟水槽として、世界各国の海軍水槽、公的機関、大学、企業など、主要な試験水槽がほぼすべてが加盟している。日本からは、海上技術安全研究所、水産総合研究センター水産工学研究所および防衛装備庁艦艇装備研究所などの公的機関、東京大学、大阪大学および九州大学などの大学、さらに主要造船会社などが加盟している。

　水上艦艇システムの基礎となる船舶工学については、幾つかの大学に船舶工学を専門とする学科が存在し、また専門者向けの学術書から一般向けの啓蒙書まで、たくさんの成書が出版されている。

　また水上艦艇システムについては、その内容は多岐にわたるが、これについても幾つかの文献が出版されていることは前記した。このような状況に鑑み、本稿では、従来の水上艦艇システムではあまり語られていない、水槽試験に解説の重点を置いた。内容については不完全な箇所もあるかもしれないが、その点については著者の非学浅才によるものでありご理解頂きたい。なお水槽試験は、本稿に記した事項がすべてではなく、水槽試験における計測、解析など[1-31]、奥深いものがあることも付記しておきたい。

　いわゆる広義の戦闘用"乗り物"の中で、水上艦艇は水と空気の両方の境界面を航走することから、水上艦艇ならではの抵抗である造波抵抗を常に受けることになる。このため水上艦艇については、積年の技術的蓄積があるものの、他国に対し優位にたてる水上艦艇の創生においては、最新の水槽試験、数値流体力学を取り入れた継続的な努力が不可欠であることを理解頂ければ幸いに思う。

2．潜水艦システム技術

　原子力潜水艦を保有する国は現在、アメリカ、ロシア、イギリス、フランス、中国およびインドの6カ国であることは周知の事実である。このうち、自国設計自国建造しているのはインドを除く5カ国であることも周知のことである。一方、通常動力潜水艦においては、約35の国が保有し、ロシア、フランス、中国、ドイツ、スウェーデンおよび日本の6カ国が自国設計自国建造している。ただし、フランスにおいては自国では原子力潜水艦を運用し通常動力潜水艦は運用していない。

　通常動力潜水艦を自国設計自国建造する6カ国はAIP（Air Independent Propulsion）潜水艦も自国設計自国建造している。わが国を除く5カ国は潜水艦全体または一部の輸出、契約相手国での建造を支援する等の建造技術の輸出を実施している。

　ここでは、近年就役が増えているAIP潜水艦について記述することとする。インターネット等で、公開されたデータを基に記述していく。

2.1　通常潜水艦の任務

　通常動力潜水艦の任務は少なくとも下記の二つが含まれている。

　・情報の収集

　・対潜または対艦攻撃

その他、例えばオーストラリアでは機雷敷設および機雷探知、特殊部隊の支援および戦闘空間のデータ収集等を潜水艦の通常任務に上げている[1-32]。潜水艦を保有する国の数に応じた任務がある。

　情報収集は相手方に情報収集したか否かが判らないように収集することが相手方に対し優位にたつ条件であるので、潜水艦には隠密性が重要視される。また少しでも長い期間にわたり情報収集を行うため潜航時間の延伸が潜水艦の永

遠の課題である。さらに、対潜または対艦攻撃においては相手方に察知されずに隠密裏に実施するために、発見されにくい（被探知防止能力の向上）技術も潜水艦に対する課題の一つである。

原子力潜水艦は電力量が豊富で限りなく潜航でき、探知されたとしても高速力を発揮し敵から回避できるのに対し、通常動力潜水艦では電力量に限りがあり潜航時間に限界を有し、高速力も短時間しか発揮できない。原子力潜水艦を保有しない国にとって、潜航時間の延伸を具現化する潜水艦がAIP潜水艦である。

2.2　潜水艦の種類

潜水艦を動力源別に分類すると、原子力潜水艦と通常動力潜水艦に大別される。

通常動力潜水艦は、ディーゼル・エンジンの力で発電機を駆動し、電池を充電し、艦内の電気と推進力を発揮するモーターを回して航行する。ディーゼル・エンジンは空気を必要とするので、潜水艦がスノーケル航走時にディーゼル・エンジンを駆動させ電池を充電しながら航行し、水中を潜航するときは充電した電池を用いて艦内の電気とモーターの電気を賄う（図1-1）。

近年、通常動力潜水艦の分野にAIPという区分が新たに加わった。従来の通常動力潜水艦を電池潜水艦と称し、AIP機関を搭載する潜水艦と区別している。AIP潜水艦は電池航走に加えAIP航走を行い、潜航時間の延伸が可能となった（図1-2）。

AIPは大気非依存型推進という名称から、大気に依存しない原子力動力がAIP潜水艦の究極であるように見えるが、近年のAIP潜水艦は電池潜水艦にAIP機関を搭載した形になっているので、通常動力潜水艦の区分に分類されている。図1-3に推進動力による潜水艦の分類を示す。また図1-4にAIP潜水艦の構成イメージを示した。

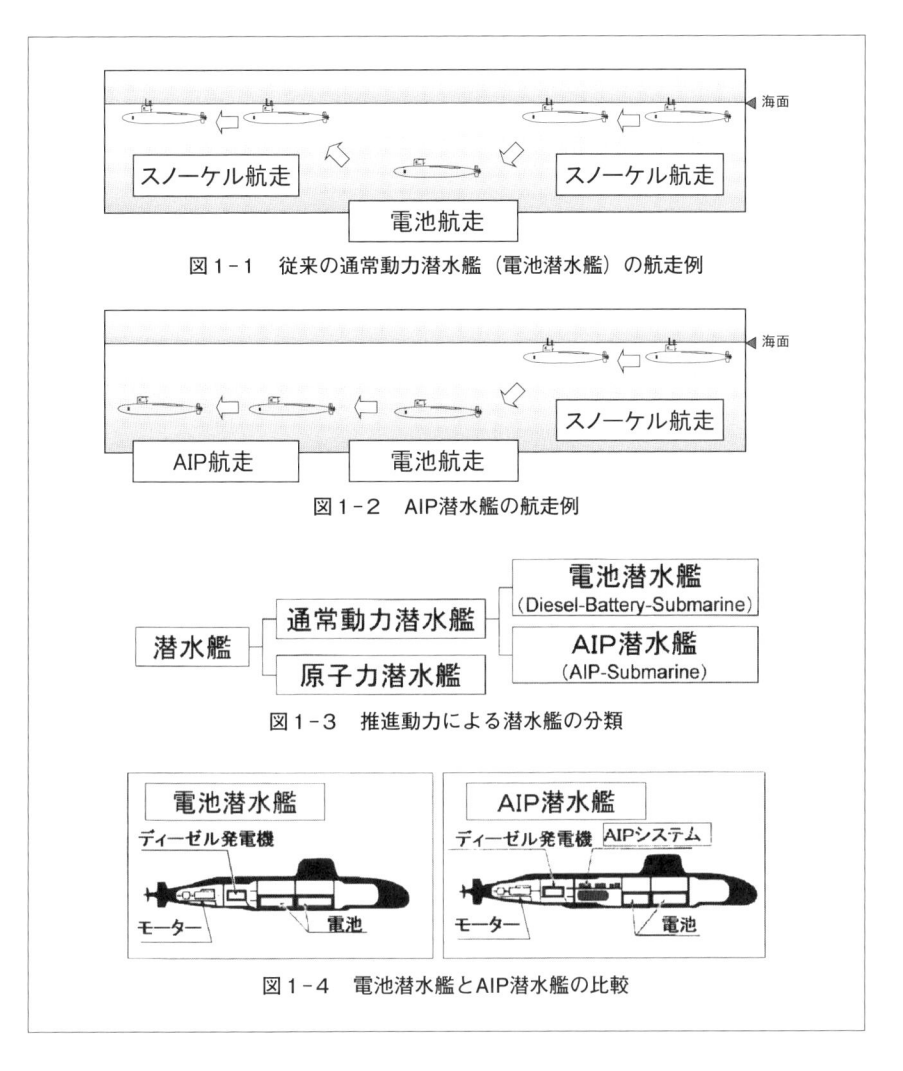

図1-1　従来の通常動力潜水艦（電池潜水艦）の航走例

図1-2　AIP潜水艦の航走例

図1-3　推進動力による潜水艦の分類

図1-4　電池潜水艦とAIP潜水艦の比較

2.3　AIP潜水艦に使われる機関

　AIP潜水艦に搭載されている代表的なAIP機関は、スターリング機関、クローズド・ループ蒸気機関、燃料電池発電システムの3タイプがある。この他にクローズド・ディーゼル発電機関（CCDE：Closed Cycle Diesel Engine System）

を記載しているものもあったが、CCDEは現存するAIP潜水艦に搭載されている例は見ない。東京大学生産技術研究所の自律型海中ロボット（AUV：Autonomous Underwater Vehicle）「アールワン・ロボット」[1-33] に三井造船㈱の閉鎖式ディーゼル・エンジン・システム（CCDE）をエネルギー源として用いたシステムは存在するが、本ロボットは水中無人航走体であり潜水艦としてのカテゴリーに属さない。

（1）スターリング機関

　潜水艦用のスターリング機関はスウェーデンのコッカムス社で開発された。スターリング機関の特色等はコッカムス社のホームページ[1-34] にあるので省略するが、スターリング機関は連続燃焼のため静粛性が高く、ケロシンを燃料に自艦の持つ酸素と混合し燃焼させ、燃焼したガスは直接または一時艦内に蓄積した後、艦外に放出される系統とすることができ、系統は複雑にならない。

　なお海上自衛隊の潜水艦には、コッカムス社とライセンス生産をした川崎重工業㈱が製造したスターリング機関[1-35] を基に、海上自衛隊の潜水艦に搭載するためのAIPシステムとして、必要な周辺装置を防衛省技術研究本部（当時）で開発し、AIPシステムとして搭載されている。

（2）MESMA（Module d'Energie Sous-Marine Autonome）

　クローズド・ループ蒸気機関はフランスのDCNS社が開発したMESMA（Module d'Energie Sous-Marine Autonome）が唯一のシステムであり、AIP潜水艦に搭載されている。フランスは原子力潜水艦を自国で建造しており、原子炉の技術を転用したシステムになっている。すなわち、原子力は核反応熱を利用して蒸気を発生させるのに対し、MESMAはエタノールを燃焼させ、燃焼熱を利用して蒸気を発生させる。発生した蒸気を用いてタービンを回し、発電する。蒸気は復水器、熱交換器をへて再度蒸気発生器にて蒸気に変換され、クローズド・ループ系を形成する。MESMAの系統図を**図1-5**[1-36] に示す。

　MESMAを搭載したAIP潜水艦はパキスタン海軍が1995年にフランスDCNS

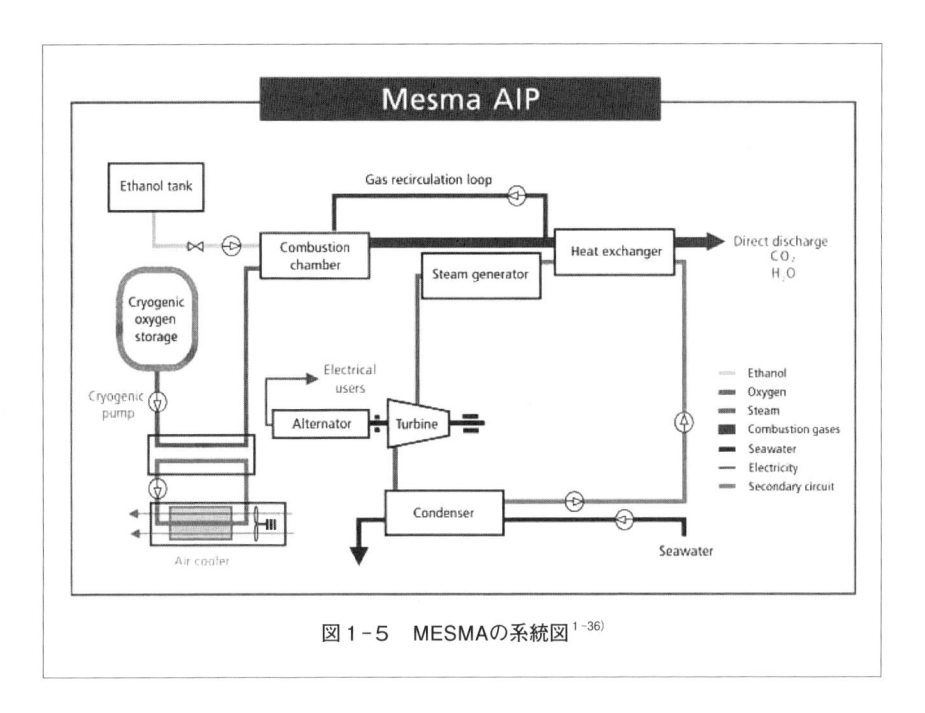

図1-5　MESMAの系統図[1-36)]

社へ発注し、2008年にPNS Hamzaを就役させている。さらに、既存の2隻の潜水艦PNS KhalidおよびPNS Saadに搭載するAIP装置を発注し、フランスDCNS社はMESMAを製作している。

（3）燃料電池

　固体高分子型燃料電池（PEFC）を用いた潜水艦用の燃料電池発電システムをドイツのジーメンス社が開発した。固体高分子型燃料電池は反応温度が他の燃料電池方式に比較して低く閉鎖空間内での駆動に適している。また他の方式に比べ軽量であり、自動車等の移動物への搭載が容易である（図1-6参照）。

　自動車等の開放空間系として使用する場合は、水素を高圧タンクから燃料として、酸素を空気から取得し酸化剤として、高分子膜を隔てて燃料電池セルに投入する。燃料電池セルを通過した水素ガスは未反応分が残るため循環させるが、酸素系は循環させずに大気に放出してしまう。潜水艦のような閉鎖空間の

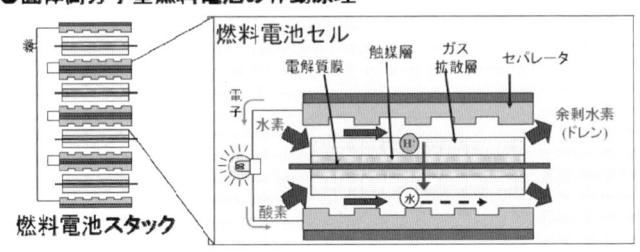

●燃料電池の種類

燃料電池の種類	作動温度
固体酸化物型燃料電池	900〜1000℃
溶融塩型燃料電池	600〜700℃
リン酸型燃料電池	150〜220℃
固体高分子型燃料電池	室温〜150℃

●固体高分子型燃料電池の作動原理

図1-6　各種燃料電池の作動温度と固体高分子型燃料電池の作動原理概念図

中で燃料電池を使用するならば、艦内の空気から酸素を抽出し酸化剤として使用することはできず、酸素を別に搭載する必要があり、かつ、水素系だけでなく酸素系も燃料電池セルを通過した後、循環させなくてはならない。セルの中で水素および酸素がすべて反応してしまうのではなく、数十％未反応ガスとして残るからである。図1-7の上段に開放型の燃料電池発電システム系統図を下段に閉鎖循環型の系統図を示す。

　燃料電池発電システムを搭載した潜水艦は、ドイツでEU諸国向けに建造するU212A型潜水艦とその他の諸国に輸出するU214型潜水艦がある。U212A型はドイツ海軍で3隻およびイタリア海軍で2隻が就役している。またU214型潜水艦では韓国で3隻およびギリシャに4隻輸出されているが、ギリシャにおいての就役状況は分からない。さらに、ドイツではU209型を改良した、燃料電池発電システム潜水艦をイスラエル向けに、建造中である。さらに、U214型をトルコが発注しており、今後、燃料電池発電システム潜水艦は増加する。

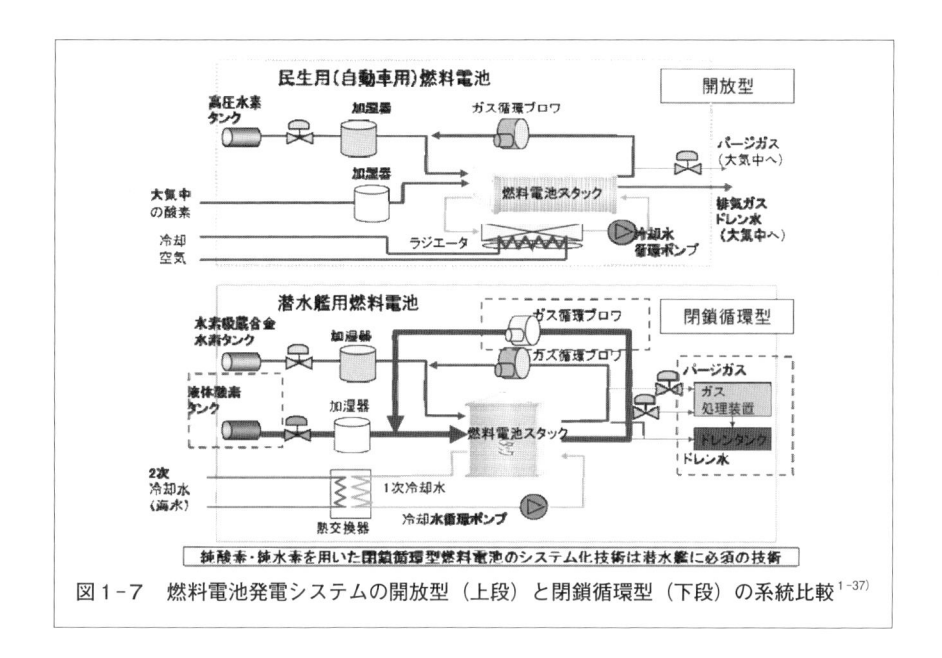

図1-7 燃料電池発電システムの開放型（上段）と閉鎖循環型（下段）の系統比較[1-37]

2.4 AIP潜水艦に必要なシステム

（1）艦内環境の維持

　通常動力潜水艦に比べ数倍の期間、大気から閉鎖されるため、閉鎖環境下における人体の影響を考慮する必要がある。潜航中の潜水艦は閉鎖空間であり、乗員が消費する酸素の供給および発散する二酸化炭素の除去のほか、それだけでなく、艦内の物品から多種多様のガスが発生し、人体に影響を及ぼす可能性のあるガスが、万一、艦内に発生または存在したら、除去しなければならない。主として、空気中濃度の増減において危険と判断されるガスは、酸素、二酸化炭素、一酸化炭素および水素ガスと考えられてきた。

　通常の空気中には窒素が約80％、酸素が約20％が存在する。この空気中の酸素が少なくなると、約16％で頭痛等の低酸素症の症状を発症し、約12％に低下すると、呼吸がむずかしくなり、約6％で死亡するといわれている。

　また通常の空気には二酸化炭素は約0.03％しか含まれない。空気中の二酸化

炭素濃度が約２％を超えると頭痛・めまい等の中毒症状を発症し、約３％で中枢神経が侵される。また一酸化炭素においては、0.01％以上になると危険といわれている。

初期の原子力潜水艦では、酸素の供給用に液体酸素を搭載し、二酸化炭素の除去用にアミンを吸収材にした装置を搭載した。現在の原子力潜水艦は豊富な電力を用いて、海水を電気分解し、酸素と水素を発生させて酸素供給に当てているが、AIP潜水艦では電力に限りがあるため、燃料を燃焼するための酸素からの供給を実施している。またアミンを用いた二酸化炭素の除去は40〜50℃の温度でアミノ基と二酸化炭素が結合反応を起こし、110〜130℃に加熱すると、二酸化炭素を解脱する反応を利用するため、電力を消耗してしまう。吸収率の向上および省電力が望まれている。

さらに、一酸化炭素・水素ガスおよび炭化水素化合物等は高温の触媒で燃焼し、二酸化炭素と水として処理する。

酸素、二酸化炭素、一酸化炭素および水素に関しては、各成分を検出し、成分に応じて、酸素供給装置、炭酸ガス吸収装置および一酸化炭素・水素除去装置を作動させることにより艦内の環境を維持できる。それぞれの装置は個々に動作するので、処理される空気の温度が異なる。今後は、各装置の統合化と省電力化に努める必要がある。

さらに、艦内の温度、湿度および微量ガス（例えば、揮発性有機化合物（VOC）やオイルミスト等）等の環境維持も、上記ガス処理の統合化と併せて実施していけば、より省電力化等が行えるものと考えている。

（２）省電力化技術

AIP潜水艦において、燃料（ケロシン、エタノール、水素）系と酸素をどのように搭載するかが新しい課題である。燃料系のうちケロシンは灯油とほぼ同等なので、従来の燃料と同様に扱えるが、エタノールは水への溶解度が高いため専用のタンクを持つ必要がある。水素は常温常圧で気体のため、ドイツのAIP潜水艦では水素吸蔵合金を用いて搭載しているが、吸蔵した水素ガスを放

出するために加熱するなどのエネルギーを必要とするシステムとなる。

　AIP装置を搭載し、潜航時間が延伸する一方、艦内環境の維持、燃料および酸素の供給等で、限りある電力を消費しなければならなくなる。省電力化を徹底的に実施し、無駄に電力を消費することを防止していく必要がある。

　昨今、福島第一原子力発電所の被災による電力供給量減少により、省電力の意識が高く、一般家庭およびOAビルにおける省電力に関する研究が活発になっている。例えば、居室の人員の有無を検知して、機器を消灯したり、熱源を検知して集中的に冷暖房する等、消費電力の無駄を省く製品の研究が盛んである。これらを潜水艦の艦内に導入し消費電力の消耗を削減する等の省電力化技術の導入が望まれる。

　海上自衛隊は平成16年度からスターリング機関を搭載したAIP潜水艦を建造し、平成30年までに9隻を就役させている。原子力潜水艦を建造することが極めて困難であるわが国において、水中持続時間の延伸を考えれば、スターリング機関を搭載したAIP潜水艦を燃料電池発電システム潜水艦へ移行していくものと考えられる。防衛省技術研究本部（当時）において、平成18〜22年度には潜水艦用燃料電池に関する研究[1-38)]を行い、既に終了している。自動車等の移動物に限らず、脱化石燃料化が促進され、地球温暖化を抑制する水素エネルギー社会が数年後には形成され、水素の安全な製造、輸送、貯蔵、充填など、水素利用のトータルシステムが構築される。水素エネルギー社会が実現でき、かつ、安価な燃料電池の開発等が進めば、海上自衛隊の燃料電池発電システム潜水艦が就役するのも容易となるだろう。

　一方、平成21年に開催された東京モーターショーで、自動車メーカー各社は電気自動車のコンセプトカーを発表した。さらに、富士重工業からプラグイン・ステラ、三菱自動車からi-MiEVが発売された。何れも軽自動車の電気自動車であるが、翌年には日産自動車がLEAFを発売した。さらに、電気自動車の充電スタンド等のインフラ整備も高速道路のサービスエリアやショッピングセンターの駐車場等に設置され、充実しつつある。電気自動車が普及するための条

件が動き始め、この年を「電気自動車元年」[1-39] などと称して、電気自動車の普及はさらに加速されている。一方で燃料電池自動車の開発の進行速度は鈍くなりつつある。

「燃料電池自動車の普及」と「水素エネルギー社会」は密接な関係にあり、水素エネルギー社会の実現も先延ばしになったものと思われる。すなわち、わが国における燃料電池発電システム潜水艦の就役にはやや時間を要するだろう。

3．水中武器システム技術

　水中武器システムの代表格である魚雷は、ミサイル技術の進展が著しい今日においても、各国海軍および海上自衛隊における主要装備品のひとつであり、重要技術として位置づけられている。その主な理由は、大型艦艇も一発で撃破可能な魚雷の破壊力と潜水艦の脅威に対する唯一の対抗手段である故である。特に周囲を海に囲まれたわが国の防衛においてその重要度は高いと考える[1-40]。

　また機雷は、1866年に初期のものが完成した魚雷を遡る1585年に最初に使用されたとされており、その歴史は古い。第2次世界大戦以降も朝鮮戦争、中東戦争、ベトナム戦争、湾岸戦争などすべての戦争に機雷は使用されている。このように過去の戦争において機雷が果たした役割は大きい。しかも安価で取り扱いが容易であるにもかかわらず、破壊効果が大きく、戦術的・戦略的な利用価値が大きく、今後とも主要な武器との位置付けは変わらないと考えられる[1-41]。

　この他、水中武器システムとして、爆雷、対潜弾、掃海器材および掃討器材であり、比較的に新しいところでは、魚雷防御器材（TCM：Torpedo Counter Measures）および無人水中航走体（UUV：Unmanned Underwater Vehicle）などがある。

　水中武器システムの一般的な特徴について触れることとする。

　文字通り、水中で機能を発揮する器材として、水密性を確保をするとともに、各器材毎の使用条件が異なるが、強大な水圧に耐えうる耐圧殻を有する必要がある。

　またミサイルでは、光（レーザ光や赤外線を含む）や電波が目標の探知や追尾に使用されるが、水中においては、光（レーザ光を含む）や電波の減衰が著しいため、極めて限定された使用を除くと、艦艇ソーナーなどと同じく、目標の探知、追尾および航法などに音響を用いるのが一般的である。

　磁気および水中電位（UEP）による近距離での探知センサのほか、ブルーレーザ光（450〜550nm）による近距離での精密な目標認識および大容量データ伝

送への適用が期待されているが、現在および将来においても、音響が唯一の遠距離における探知およびデータ伝送の手段といえる。以下では、主要な水中武器システムの概要について簡単に触れていきたい。

3.1　魚　雷

　魚雷は、1864年にオーストラリア海軍ルピスとイギリス人ホワイトヘッドによる水中を自走する兵器の発明に端を発し、1866年に自動操縦装置をもつ最初の魚雷が完成したといわれている。その後、性能向上は図られるものの、現在のようなホーミング魚雷の実現は、1930年代の電子技術の出現を待たねばならず、1934年にドイツの音響パッシブホーミング魚雷T5、遅れてアメリカの航空機ホーミング魚雷Mk24のように3次元運動を可能としたホーミング魚雷の出現により、対潜武器としての魚雷の地位を不動のものとした[1-41]。魚雷は、魚形水雷を略したもので、各国とも概ね長魚雷と短魚雷に大別している。長魚雷は潜水艦を発射母艦とし、敵潜水艦および敵水上艦艇をターゲットとして魚雷発射管から発射され、潜水艦ソーナーによる探知情報に基づき、潜水艦オペレータにより、ターゲットに向けて有線誘導、もしくは魚雷自体のホーミング性能により、敵水上艦艇および敵潜水艦を探知・識別の後、追尾して撃破する。有線誘導ケーブルコイルを魚雷に内蔵するとともに、敵水上艦艇を撃破するさく薬量を保有するため、その名のとおり大型の魚雷である。一方、短魚雷は、ターゲットを潜水艦に特化しており、水上艦艇の魚雷発射管（**写真1-7**）[1-42]またはアスロックによる発射、固定翼航空機および回転翼航空機から投下（**写真1-8**）[1-43]の後、着水と同時に発動し、敵潜水艦を探知・識別の後、追尾して撃破する。パラシュートなどにより着水衝撃を緩和するものの、長魚雷以上の耐衝撃性を含め、耐環境性が必要である。

　また魚雷として求められる要求性能は、母機母艦による容量、重量の制約下において、敵艦艇の静粛化による被探知性能の向上を追い越す探知性能を向上させ、魚雷攻撃回避の手段を発する余裕をできるだけ与えず、またTCM

写真1-7　魚雷発射管発射

写真1-8　回転翼機投下（97式短魚雷）

を講じられてもそれに対処する対魚雷対抗手段（TCCM：Torpedo Counter Counter Measures）で対処し、速やかに目標を探知するとともに、できるだけ高速で追尾し確実に撃破することである。

　このため、魚雷の研究開発の主要課題は、TCCM性能を含めたホーミング性能のインテリジェンス化、小型高出力の推進性能の向上（エネルギー密度の高い動力装置の開発）などである。魚雷のホーミング技術は、アクティブ方式とパッシブ方式がある。アクティブ方式は、魚雷から送信音を発音し、海中、海面または海底からの反射音の中から、ターゲットの敵艦船からの反射音を抽出し、時にはこの探知を妨害する次項の魚雷対抗手段による音響的な妨害を排除しつつ、ターゲットの方位、距離などを信号処理により算出する。パッシブ方式は、ターゲットが放出する航走雑音を背景雑音から抽出し、模擬航走雑音と識別しつつ、ターゲットの方位などを算出する。これらの音響ホーミング部は、魚雷先端部に配置され、音響センサの高性能化・高機能化の技術展開の中で、広帯域化、多周波化を図り、敵水上艦艇および敵潜水艦の静粛化・ステルス化に適用しながら、各種信号処理手法を駆使して、ターゲットの探知・識別を実現している。艦艇においては、吸音材などによる音響的なステルス化のほか、静粛化として、航走雑音の主要因である推進器については、ハイスキュードプロペラ、ポンプジェット推進器、ポッド式推進器などの研究・実用化のほかFRP材料を用いたハイブリッド翼などの研究が進められるとともに、その他の主機・補機などの艦艇搭載機器の低振動低雑音化などを含めて総合的な取り

組みがなされており[1-44]、加えて、次項に示す魚雷防御手段の向上へのさらなる対応のため、性能向上が要求されている。

　魚雷の性能向上として、高速化、航続距離の延伸、静粛化を目指し研究開発が進められているが、魚雷で使用する動力装置としては、水中で走るという性質上、空気中の酸素を利用できないという大きなハンディがある。このため、電池電動機方式から酸化剤を搭載する熱機関方式などが考案されている。電池電動機方式の性能のほとんどは電池で決まる。従来より使用されてきた酸化銀亜鉛電池や塩化銀マグネシウム電池から、独・仏・伊共同開発の短魚雷IMPACTでエネルギー密度が高いアルミニウム酸化銀電池へと進展しており、さらにエネルギー密度が高いリチウム酸化銀電池などの適用が期待される。熱機関方式の燃料では、1液燃料のオットーフューエル（Otto Fuel）、2液燃料の例としてアルコールと過酸化水素、また金属燃料としては、ナトリウム、カルシウム、マグネシウムおよびリチウムがあり、酸化剤としてフロン系および六フッ化硫黄との組合せがある。なお金属燃料を使用した機関としては、リチウムと六フッ化硫黄の組み合わせで、蒸気タービンを用いたランキンサイクル機関が実用化されている[1-45]。

　この他、スーパーキャビテーション技術、すなわち魚雷を泡の空気層で包むことで水の摩擦抵抗を大幅に低減し、固体推薬を用いたロケット推進によって、超高速化を実現した、シュクバル（ロシア）（図1-8）[1-46]やバラクーダ（ドイツ）がある。

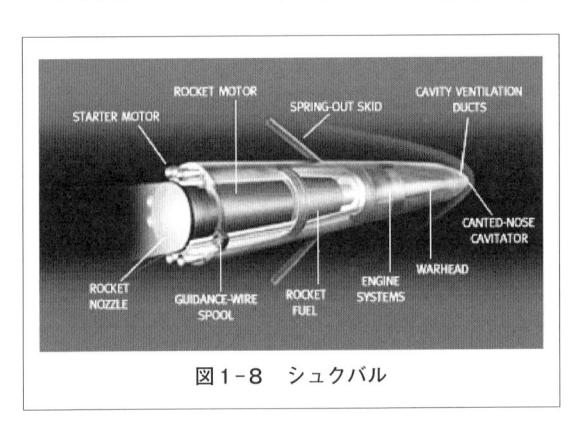

図1-8　シュクバル

3.2　魚雷対抗手段（TCM）

　魚雷の性能向上に伴う脅威の増大は、水上艦艇および潜水艦側の魚雷防御手段（TCM）の技術進展に拍車をかけることとなる。代表的なものとして、音響ジャマーは魚雷の使用する音響周波数帯域に大音響を発生させるものであり、音響デコイは、魚雷からの送信音に対して音響的に偽反射音を送出したり、化学剤により反射体としての気泡群を発生させて偽ターゲットを模擬したり、また艦艇の航走模擬雑音を送出して魚雷を誘引するものであり、それぞれ逐次性能向上が図られている。これらは音響的に欺瞞するソフトキルに分類されるものであるが、これらの他に物理的に魚雷を破壊するハードキルとしては、誘引後に破壊する誘引破壊型デコイ、専用若しくは魚雷改造により積極的に魚雷に向かっていく対魚雷用魚雷または対魚雷用爆雷などが挙げられる。

　また、これらのTCM器材と、魚雷の航走音や魚雷送信音を探知する艦艇ソーナーと組み合わせて、魚雷攻撃を効果的に排除または回避するための最適なタイミングや投入位置をリコメンドするシステム化が図られており、日本においても、近年魚雷防御システムが搭載されている[1-40]。

3.3　機　雷

　機雷は、機械水雷を略したものである。機雷の歴史は長く、中国では明代、ヨーロッパでは1585年のオランダ独立戦争、アメリカでは1775年～76年のアメリカ独立戦争にさかのぼる。近代機雷のはしりとして有名なアメリカ独立戦争で使用された機雷は、エール大学の学生デビッド・ブッシュネルにより提案され、火薬を充たした樽をブイに吊るしたものであっ

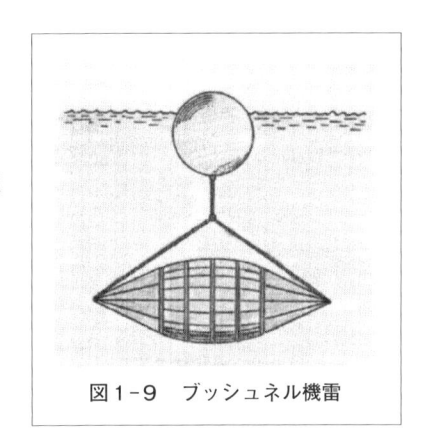

図1-9　ブッシュネル機雷

た。ブッシュネルの浮遊機雷（**図1-9**）[1-47] 以来、機雷は、戦術的にも戦略的にも重要な兵器として着実に進展しており、第2次世界大戦以降もその重要性はますます増大し、湾岸戦争をはじめ、さまざまな戦争および紛争で極めて効果的に使用されてきた[1-41], [1-48]。

機雷は、できるだけ多くの艦艇に損傷を与え沈めるために攻撃的に使用したり、海上交通路や港湾などを封鎖するのに使用される。

その種類を、設置された状態、設置方法による分類の例で示す。

（1）係維機雷

浮力部と係維部で構成され、艦艇と機雷浮力部との接触、または艦艇が航行する際に発生する音響、磁気およびUEPなどのシグネチャを検知することで起爆する。有効範囲は触角部分の接触範囲および各センサのシグネチャの検出範囲。

（2）沈底機雷

海底に設置されるもので、前節同様、艦艇のシグネチャを検知することで起爆する。有効範囲は、各センサのシグネチャの検出範囲。

（3）上昇機雷

海底に設置されるもので、艦艇のシグネチャを検知すると上昇し、艦艇に接近した後に起爆する。有効範囲は、機雷上昇可能な円錐状の範囲。

（4）魚雷式機雷

海底に設置されるもので、艦艇のシグネチャを検知すると魚雷が発動し、艦艇に追尾・接近した後に起爆する（**図1-10**）[1-49]。有効範囲は、魚雷の攻撃可能範囲。

なお、この他、沈底機雷が海流などの影響により海底に埋もれる状態となるものを埋没機雷、機雷自体が海底に潜りこむ機能を有するものを埋設機雷と区

分する。

　各種の設置方式に伴う技術課題のほか、共通的な技術課題の主なるものとして接近する敵艦艇の検知技術が挙げられる。

　機雷が使用しているものとして、船体磁気、航走雑音を検知する磁気センサおよび音響センサが主流であ

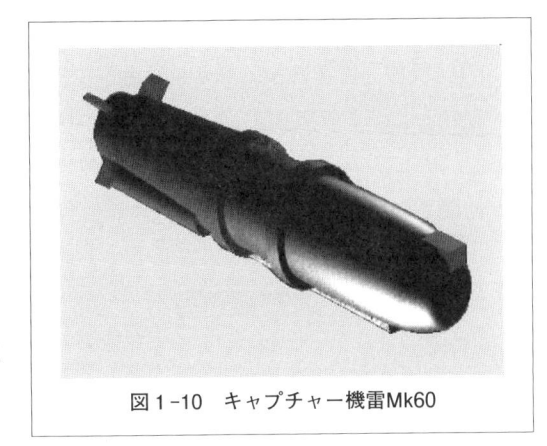

図1-10　キャプチャー機雷Mk60

るが、その他、水中電界（UEP）、振動、水圧などがある。

　防衛技術としての磁気の本格的な研究は、磁気機雷の出現によるところが大きい。第2次世界大戦中、イギリスの艦船を大量に沈めたドイツの秘密兵器のひとつであった。

　ターゲットである艦艇は、掃海艇を除き船殻、主機、武器等磁性体から構成されており、いわば艦艇は磁気のかたまりである。このため、艦船の建造時、鋼板の切断、溶接などの加工時に着磁する船固有の永久磁気や、地球磁気に誘起される誘導磁気などが生じるため、これらの磁気を検知する。音響同様に、艦船の消磁技術の向上に対応して、検知性能の向上が図られている。音響については魚雷の章で述べたので省略する。水中電界は、艦艇の海水に接する部分、すなわち船体とプロペラ、船体と接地金属などの異金属間の電位の違いにより電流が流れる電池現象である。振動は、低周波の音圧が海底に到達すると海底を伝搬するもので、艦艇が接近すると振動レベルが増大し、離れると減少するためこの変化を検知する。また水圧は、艦艇の航行により生じる水圧変化であり、艦艇下の流速の変化により発生するが、波、うねり、潮の干潮、潮流などの影響を受ける。これらを自然環境下でのノイズから検出するとともに、艦艇の特性を抽出する信号処理技術の向上が図られている。この他、機雷としては次章の掃海具などに探知、掃海されにくくするためのステルス化、防探性、妨掃性

の向上が図られている。ステルス機雷としては、イタリアのS. E. I社が開発したMN103機雷、通称MANTAが世界各国に輸出されている[1-41), 1-50)]。わが国では、通峡および上陸阻止を目的とし、航空機から敷設され、水上艦艇および潜水艦を浮力により上昇追尾して攻撃、撃破するという複合感応式上昇追尾型機雷が開発され、91式機雷として制式され、現在にわたり調達されている[1-51)]。

3.4　掃海具および掃討具

　前述の南北戦争以降、第1次および第2次世界大戦では大量に使用されてその効果が注目された機雷に対抗するする手段として掃海具などが考案されるようになり、機雷の進歩とともに発達してきた。敷設された機雷の寿命は長く、排除しない限り長期間にわたって、その海域は封鎖され、各種作戦や経済活動にも大きな影響を与える。このため、掃海および掃討技術の研究開発が進められており、加えて、湾岸戦争での国際協力としても大きな役割を果たしている。
　機雷を処分する方法として、機雷掃海と機雷掃討がある[1-41)]。

（1）機雷掃海具
　機雷掃海とは、掃海具を使用して敷設された機雷を処分する、または機雷の危険がないことを確認することをいい、主に係維機雷や感応機雷を対象とする。機雷掃海には、係維掃海と複合掃海の2種類がある。係維掃海は、機雷を水中に係維している索を切断し浮上させ、機関砲などで処分する。複合掃海は、音を出す機械や曳航ケーブルに電流を流し、磁気を発生させる装置を併用して機雷に船が通過したように誤認識させて爆発処分する[1-52)]。
　これらの機雷掃海に使用する器材が掃海具であり、機械式掃海具と感応式掃海具に大別される。機械式掃海具として、係維機雷を排除する係維掃海具がある。現在、全世界の係維掃海具は基本的にはオペロサ式掃海具である。最初に「Operosa」というトロール漁船を改造した掃海試験艇に搭載されたため、その名が取られた。オペロサ式掃海具は、大型の浮体（フロート）から展開器を

吊下して一定深度を保つとともに、曳航船側から索に取り付けた沈降器を降ろし、その索長を調整して沈降器を展開器と同一深度に維持し、沈降器と展開器間に多数の切断器（カッター）を取り付けた掃海索を展帳する方式である。次に感応掃海具は、艦艇のシグネチャに感応する機雷を排除するため、疑似シグネチャにより機雷を起爆させるものであり、磁気、音響、電界などのそれぞれのシグネチャ発生装置がその中核をなす。旧式の感応式機雷は、磁気掃海具や音響掃海具の発生する場と艦船の場を区別できなかったため、比較的容易に欺くことができた。しかし近年、高知能機雷と呼ばれる感応式機雷ではその区別ができるようになってきた。このように、機雷の発火アルゴリズムを推定し、これに合致するような波形の大出力シグネチャを発生して掃海を行う装置はTEM（Target Emulation Mode）掃海具と呼ばれ、従来の感応掃海具（MSM：Mine Setting Mode）と区分されている[1-53]。

なお近年の技術動向として、無人化の技術が進められており、日本でも遠隔操縦式掃海具（SAM）が導入されており、米国では無人感応掃海システム（UISS）（写真1-9）[1-54]の開発が進められている。

写真1-9　UISS用に開発中のUSV

（2）機雷掃討具

大きくかけ離れた帯域の複周波数音響を検知するロシアのUDM機雷の登場により、機雷掃海では処分することに困難が予想されるようになったため、2度の世界大戦で機雷の被害を蒙ったイギリスで、ハルマウントソーナーによって積極的に機雷を探知する研究が開始され、1963年から66年にかけてASDIC193という高周波ソーナーが開発され、1967年には沿岸掃海艇に搭載され、機雷掃討の概念開発が実施された。機雷掃討とは、機雷探知機により探知

写真1-10　水中航走式機雷掃討具（S-10）

し、機雷処分具や水中処分員により敷設された機雷や水中爆発物を捜索、処分すること、または機雷の危険がないことを確認する作業のことである[1-52]。

　海上自衛隊で装備されている水中航走式機雷掃討具（S-10）（写真1-10）は、機雷の高性能化、危害範囲の拡大に対処するため、掃海艇に搭載し、艇の前方遠距離において機雷を捜索、類別、識別、処分する遠隔操縦方式の機雷掃討具であり、浅深度海域から中深度海域に存在する沈底機雷、係維機雷、上昇・追尾機雷を掃討する。これまでの機雷処分具（S-7）と異なり、航走体自身が母艇の前方に進出し、母艇が機雷の危害範囲に入域せず、安全かつ効率的に機雷掃討をできることである[1-55]。さらに、掃海掃討作業の安全性向上のため、次節の無索の無人水中航走体を使用して、さらなる安全確保のシステム向上を図ることが期待されている。

3.5　無人水中航走体（UUV）

　UUV（Unmanned Underwater Vehicle）は、自律的、半自律的および遠隔型水中ロボットの総称である。UUVの本格的な開発は、1980年代に米国、欧州を中心に始まり、特に米国では、将来の戦闘における重要な鍵と位置付け、マスタープラン（表1-8）[1-56]と呼ばれる基本計画を作成し、研究開発を効率的に進めている。マスタープランで示されているUUVは、排水量50kg以下の携帯型、200kg以下の短魚雷型、1,400kg以下の長魚雷型、9,000kgまでの大型に大別されている。主な任務要求は、海洋の情報収集・監視・偵察（ISR：Intelligence, Surveillance and Reconnaissance）、対機雷戦（MCM：Mine

表1-8　UUV区分（米国MasterPlan 2004）

Class	Diameter (inches)	Displacement (lbs.)	Endurance High Hotel Load (hours)	Endurance Low Hotel Load (hours)	Payload (ft^3)
Man-Portable	3 - 9	< 100	< 10	10 - 20	< 0.25
LWV	12.75	~ 500	10 - 20	20 - 40	1 - 3
HWV	21	< 3,000	20 - 50	40 - 80	4 - 6
Large	> 36	~ 20,000	100 - 300	>> 400	15 - 30 + External Stores

Countermeasures）、対潜戦（ASW：Anti-Submarine Warfare）、通信および航法支援（Communication/Navigation Network Node）、ペイロードデリバリー（Payload Delivery）などである。代表的なUUVとして、先行的に実施された半自動型水路偵察艇（SAHRV）、長期間機雷偵察システム（LMRS）、リモート機雷掃討システム（RMS）、続いて、任務再構築型UUV（MRUUV）などが挙げられる。なお米国では、UUV開発の主な技術課題として、①長期間の行動可能な動力供給源および推進システムの開発②高度な自律運用を実現させるための制御技術の開発③UUVに搭載するための高性能なセンサの開発④通信能力（地上〜UUV、UUV同士）および⑤海気象に影響されない信頼性の高い発進／揚収システムの開発を挙げており、特に長期間・無補給での運用や大きなペイロードの確保、モジュール構造によるさまざまなオペレーションへの対応のために、従来より大型化したUUV（LDUUV/Large Displacement UUV）の開発計画が進められている[1-57] 〜 [1-60]。

日本においては、海洋環境、海底資源などの海洋調査研究の一環として、東京大学生産技術研究所が1986年から「プテロア計画（Pteroa Project）」研究が始められ、前後して、㈱西日本流体技研の「ウォーターバード」の開発が始まった。その後、東京大学生産技術研究所の「R-1」「r2D4」（写真1-11）、海洋開発機構（JAMSTEC）の「うらしま」のほか、各種のUUVが民間および学術機関で研究開発されている[1-61], [1-62]。なお防衛技術としては、防衛装備庁先進

写真 1-11　東大生産研　r2D4

技術推進センターにおいて、2009年からUUVとUSV（水上無人航走体）との並列航走技術に基づき、リアルタイムデータ伝送技術の構築を目指す技術研究が実施中である。また前項で述べた通り、UUV技術を機雷掃討に適用して、より安全を確保したシステムを構築することが計画されている。

　各種の水中武器システムの概要について紹介してきたが、水中武器システムとして、共通的な技術分野を有するものの、運用の目的、方法が異なれば、当然システムとして目指す方向が異なる。また魚雷、機雷および掃海・掃討具のように長い歴史を有するものから、比較的新しい魚雷対抗手段（TCM）や、UUVと幅広い。ターゲットである敵艦艇の高性能化に伴い、魚雷、機雷などの性能向上へ不断の取り組みが不可欠である。またTCMは、魚雷の高性能化による必要性と民生技術などの進展に伴い、各種TCM器材の考案、試作そしてシステム化などの研究開発が進められてきたが、魚雷技術のさらなる進展とともにより一層の技術進展が望まれている。

　一方、UUVについて、米国をはじめ欧州では、海底資源の調査、採掘などの海洋開発の民生技術の進展が後押しとなって、防衛技術としての各関連技術が深化するとともに、技術分野も多岐に広がっている。日本では、前述のとおり海洋調査研究の目的として、東京大学生産技術研究所や海洋研究開発機構（JAMSTEC）がUUVに関する多くの技術的成果を積み上げているが、防衛用UUVの研究としては、まだ端緒に着いたばかりである。長年の技術蓄積を有する魚雷などの技術はもちろんのこと、国内外の技術を活用することで、効率的かつ効果的な研究開発を心がけていきたい。

第 2 章

艦艇航走技術

1. 構造強度技術

「構造強度」という言葉は、砲弾やミサイルから艦艇を守る「強い」鋼板に関する技術を連想させる。実際は、必要な強度を満足しつつ、軽量化を図り、水中放射雑音低減や耐衝撃性能といった艦艇に求められる特性を、材料および構造に付与する研究を行っている。

艦艇は水上艦、潜水艦、掃海艇などの艦艇の種類により使用目的が異なり、低振動性、低温脆性、消磁性など使用する材料および構造に求められる技術はさまざまである。最近では、掃海艇が木製からFRP（Fiber Reinforced Plastics：繊維強化樹脂）に変わったように、近年の発展がめざましい複合材料の適用が研究課題の一つである。複合材料を含め、低振動性と耐衝撃性といった複数の特性をどのようにして同時に成立させるかを考えることが重要になる。

強度に関して艦艇が一般の船舶と異なるのは、必要な積載物による重量や波浪による荷重だけではなく、機雷、魚雷、ミサイル等の爆発による衝撃荷重を考慮することである（写真2-1）。特に、機雷等の艦艇近くでの水中爆発による衝撃は、艦艇が破壊に至らなくても伝搬した衝撃により艦内の機器に損傷を与えるため、艦艇に対する脅威の一つと考えられる。このため、艦艇は水中爆発による衝撃を緩和する対策が必要である。こうした衝撃現象への対策には艦

写真2-1　水中爆発の例[2-1]

内に衝撃緩衝材やショックアブソーバ等緩衝装置の設置が有効である。しかし、艦艇は自動車等の衝突と異なり、水中爆発による衝撃の入射位置が特定できないため、最適な配置の検討が必要となる。多くの水中爆発試験を実施し、データを取得したいところであるが、容易に想像されるとおり試験自体に制約が多く、費用もかかることから模擬技術が必要となる。

近年では爆発現象に関するシミュレーション技術が向上し、数値解析技術を使用して効率的な検討が進められつつある。後述するように水中爆発現象は複雑な現象であり、数値解析技術の精度を向上するためには多くの試験を必要とする。そこで、水中爆発現象を陸上の試験装置を使用して再現することを試みている。

ここでは、艦艇装備研究所で使用している水中爆発による衝撃の発生を模擬する試験装置を、諸外国の事例および民間技術の動向を交え、最近の研究事例とともに紹介する。

1.1　水中爆発による衝撃

　水中爆発による衝撃が水中を伝搬し、艦艇等の構造物に到達する現象は、空中での爆発と同じである。しかし、水中爆発においては、爆発後にバブル（気泡）が発生するため、バブルの挙動による複雑な現象が生じる（図2-1）。バブルは、膨張した後に周囲の水圧により押しつぶされ縮小する。縮小したバブルは内部の圧力が高まることで再び膨張する。こうして膨張と収縮を繰り返し、膨張の際に圧力波を出す。水中爆発時に発生する衝撃を「衝撃波」、

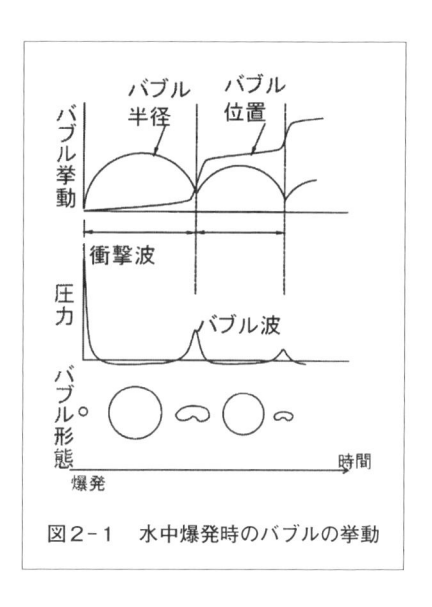

図2-1　水中爆発時のバブルの挙動

バブルの膨張時に発する衝撃を「バブル波」と称している（**図2-2**）。それぞれの圧力波形をセンサにより計測すると、衝撃波は衝撃圧力の最大値が高く作用時間が短いのに対して、バブル波は衝撃圧力の最大値が小さいものの作用時間が長いという特徴がある。バブルが船底で発生すると、バブルの挙動による上下方向の船体振動で船体が欠損することやバブルの空隙により船体の自重が耐えられないことによる船体の欠損、あるいはバブル自身が崩壊しその際に大きな衝撃圧力を発生させて船体を破壊することもある。船舶等の構造物がバブルの近くにあると、衝撃圧力波が反射するためバブル自身が崩壊する。特に、バブル自身の崩壊による衝撃の入射を「バブルジェット」と呼んでいる（**図2-3**）。どれも大きな衝撃を構造物に与えるが、数ミリ秒のオーダーで起こる短時間での現象である。

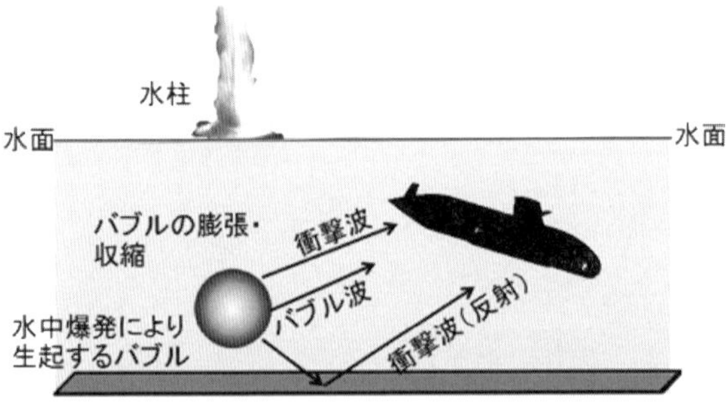

現在では、実験的にこれらの現象を観測することができる。火薬ではないが、細い銅線に大容量の電流を通し、銅線をスパークさせることで水中爆発を発生させ、衝撃圧力やバブルが発生する様子を再現し、高速度カメ

図2-2 水中爆発による衝撃伝搬のイメージ

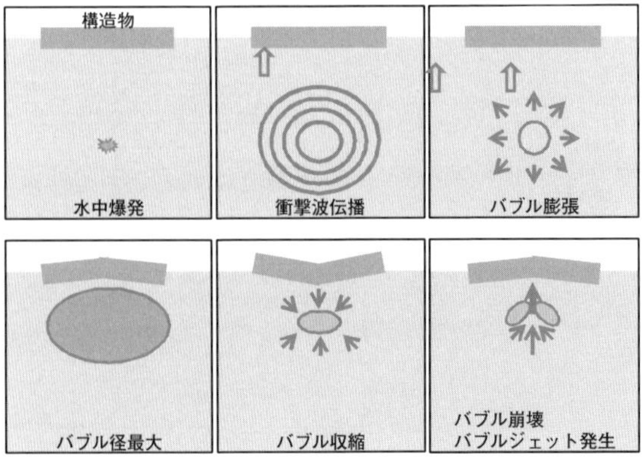

図2-3 水中爆発による構造物への影響のイメージ

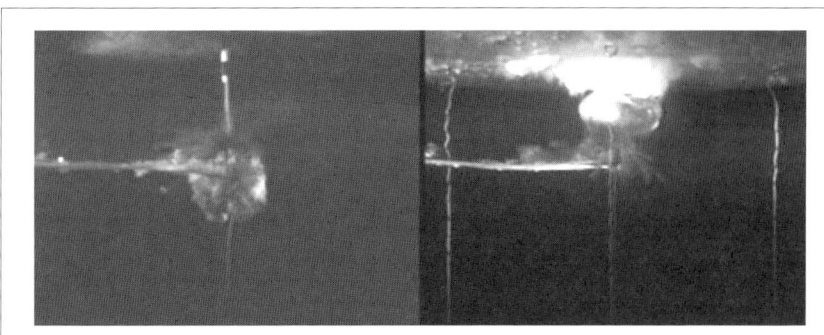

写真2-2　金属細線爆発によるバブル発生の様子[2-2]

ラで現象を観測することができる（**写真2-2**）。さらには高圧ガスによる衝撃圧力の模擬も実施されつつある。爆薬による試験結果との比較が必要となるが、こうした試験方法が確立されれば、今後は多くの試験データを取得できると考える。

　衝撃の目安は衝撃を印加した時に発生する加速度のピーク値と加速度が作用している時間と考えられている。相対的に衝撃波よりもバブル波の方が、作用時間が長く、低い周波数の衝撃波形が入射されることから艦内機器に与えるダメージは大きいと考えられる。

1.2　耐衝撃の試験・評価技術

　上述の水中爆発に対して、米国、NATO諸国は、ともに独自の技術、評価方法により艦艇の衝撃試験を実施し、耐爆能力向上の一助としている。ここでは米国の事例を紹介する。

　衝撃により継戦能力が失われないように、実戦における状況を想定した実艦試験（FSST: Full Scale Ship Testing）を実施している。米国では、兵器システムの残存性確認のための大規模試験が、1986年に制定された法律により義務づけられている。そのような試験評価を統括している国防省の運用試験評価局（DOT & E: Director of Operational Testing and Evaluation）が公表している試

験報告書では、シミュレーションや要素試験によっては明らかにならない設計・製造上の不具合を確認するためにも実艦試験の実施は不可欠であるとしている。実艦試験のほかに排水量3,000t以下の艦船に対しては、大型の試験池内で天候に比較的左右されず実艦試験を実施する試験設備が整っている。

　搭載機器に関しては重量区分毎に試験方法が米国軍用規格MIL-S-901Dで規定されており、それぞれに試験方法が決められている。大型機器に関しては試験池にて実爆試験を実施する。機器を専用の台板を持つバージ（FSP: Floating

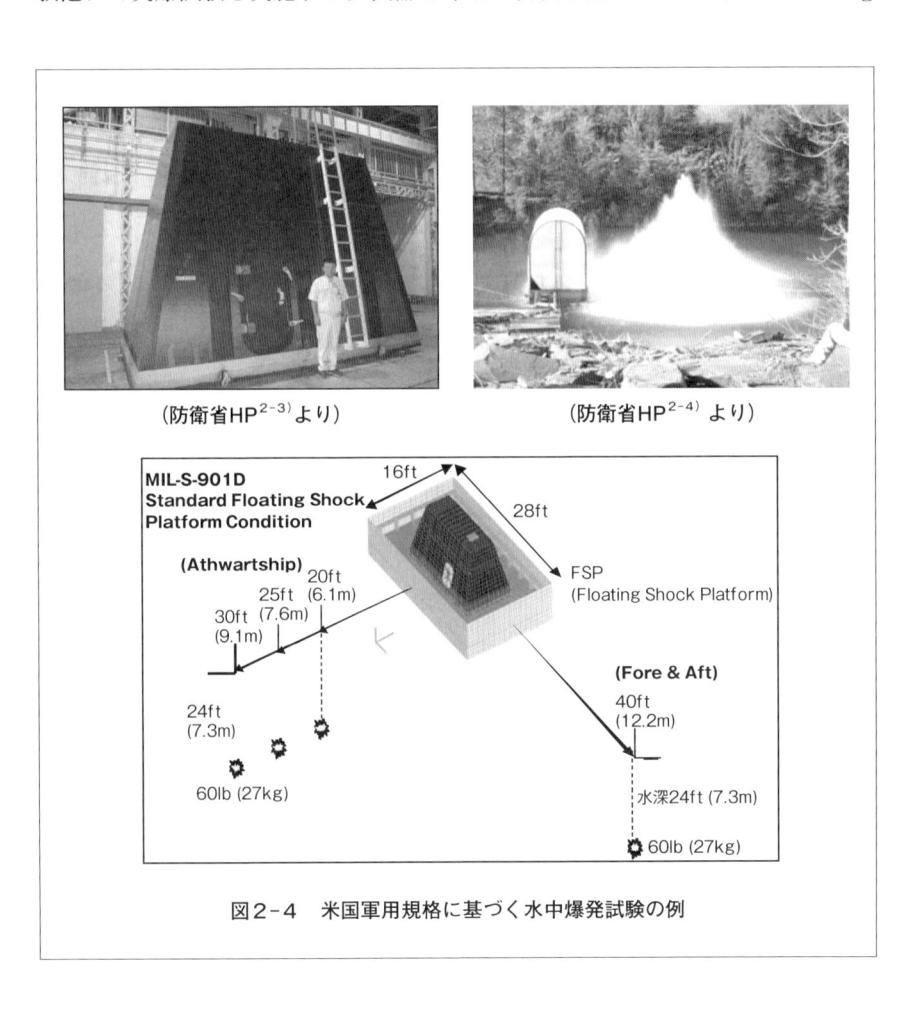

（防衛省HP[2-3]より）　　　　　　　（防衛省HP[2-4]より）

図2-4　米国軍用規格に基づく水中爆発試験の例

Shock Platform）に搭載し試験池にて実爆試験を行う。平成21年度に米国試験池において、艦艇装備研究所はMIL-S-901Dに基づく試験を実施し、複合材料を用いた艦艇の床構造におけるぎ装品の取り付け方法に関する試験を実施した（図2-4）。

　一方、わが国においては防衛省規格（NDS: National Defense Standards）の中で「電子機器の運用条件に対する試験方法」等を定めている。この規格には高衝撃（水中爆発）に関する試験方法を提示しており、第1から第3の試験方法を定めている。第1試験方法では実爆試験やバージ試験を行う方法である。第2試験方法では衝撃を試験装置により加える方法である。ここで使用される試験装置は次項で説明する。第3試験方法は、質量120kg以下の機器に適用されるものであり、ハンマーにより上方または側面より衝撃を加える試験を行うこととしている。

　装備システムは今後も、民生品をベースに構築される傾向がある。民生品に適用される日本工業規格（JIS: Japanese Industrial Standards）には衝撃試験を実施する上での指針が示されており、環境試験方法-電気・電子- C60068-2-27　衝撃試験方法「パルス波形および試験の厳しさの代表的適用例」に示されるピーク加速度は、衝撃緩和の観点から民生品をベースとした装備品の耐衝撃性に関する要求の参考としている。

　数値解析技術は耐衝撃性能を予測する上で重要な技術である。現在、数値解析技術により、海中での水中爆発による衝撃の発生から構造物への伝搬や構造物内部での衝撃の伝搬を求めている。最初に到達する作用時間の短い衝撃波による衝撃応答に関しては、比較的に実験結果と合うものの、衝撃波の応答の後で到達する作用時間の長いバブル波の応答に関しては未だ正確な解析が得られているとは言い難い。時間の刻み幅が非常に小さいため、数秒の実時間を計算するだけでも計算負荷が非常に大きく、水中爆発に関するすべての現象を数値解析で予測することを難しくしている。継続的に実測データを収集し予測精度の向上を測ることが今後も必要である。

1.3　耐衝撃性評価のための試験装置

　艦艇装備研究所が所有する試験装置について説明する。日本では、試験海面の制約等もあり欧米と比較して実艦レベルでの耐衝撃特性評価を行うことが困難であるが、中荷重レベルの衝撃については評価試験装置を整備している。

（1）耐衝撃性評価試験装置
　この試験装置（図2-5）は、水中爆発により発生し、艦内機器等に伝搬す

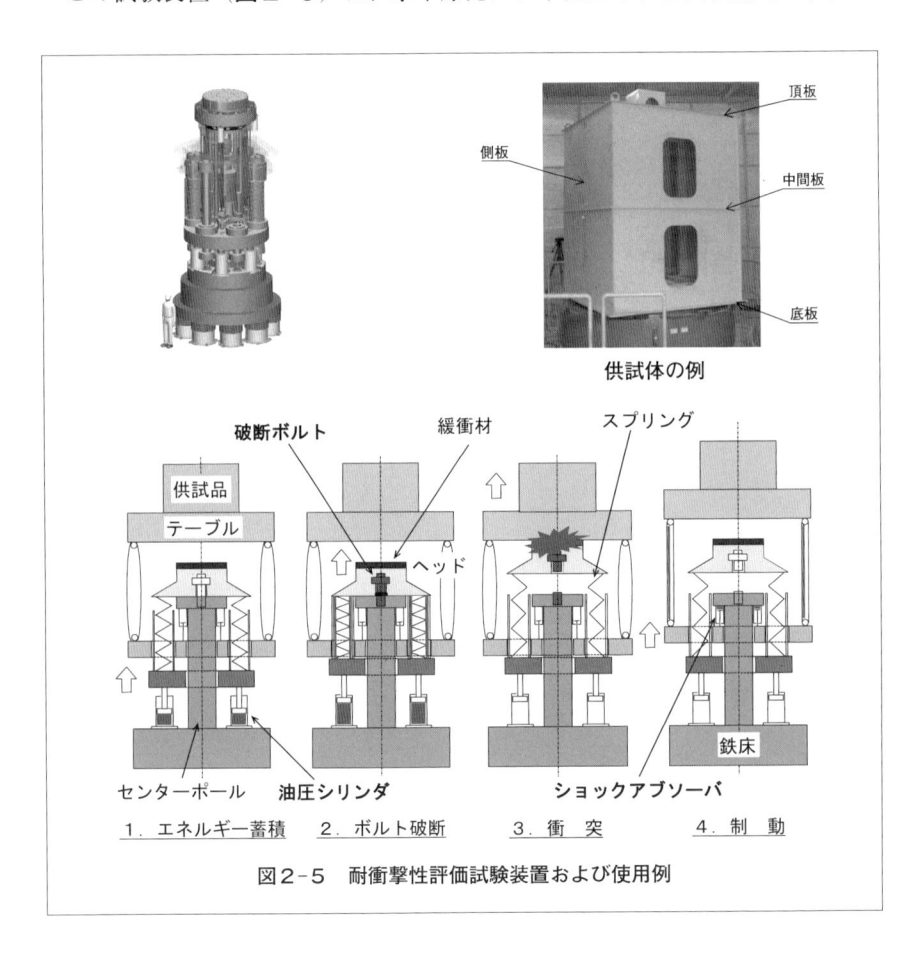

図2-5　耐衝撃性評価試験装置および使用例

る衝撃を模擬するものである。スプリングの圧縮によるエネルギーを利用して重量物を飛翔させ試験テーブルと衝突させることで衝撃を発生できる。試験テーブルの直径が約2.7mあり、4tまでの供試体に対して約2,000G（G：重力加速度：約9.8m/s²）を試験することが可能である。飛翔させる重量物は最初にボルトで固定し、油圧シリンダにより強制的にボルトを破断させる仕組みである。ボルトの破断強度を予め設定することで飛翔する重量物のエネルギーをコントロールし、負荷する衝撃を変更できる仕組みになっている。

　供試体と試験テーブルとの間に構造物を設置することで、構造物を伝搬する衝撃波形や衝撃の負荷後に発生する振動を模擬することが可能である。

　衝撃の作用時間は約1msecであるが、緩衝材を変更することで作用時間の変更が可能である。飛翔する重量物の頭頂部（ヘッド）には緩衝材を取り付け、緩衝材の材質や厚さを変更することで作用時間を変更することができる。衝撃は下方から入力されるため斜めからの衝撃を検討する時は供試体を斜めに設置するための治具を利用して試験を行っている。

　これまでに衝撃伝搬による各甲板位置での応答波形の検証や衝撃緩衝材を組み込んだ構造物の検討を実施しており、衝撃緩和の検討に役立っている。

（2）動的圧力発生装置

　この試験装置（図2-6）は、高圧タンクの解放により水流を発生させ、急激な水圧変化により供試体に衝撃を負荷する装置である。供試体を設置する空間と高圧タンクとの間に破裂板（ラプチャディスク）を設置し、予め指定した圧力で破裂する仕組みである。破裂時の強度が異なる複数の破裂板を用意することで発生させる圧力を変更する。装置を使用して最大で約10MPaの動的な圧力を供試体に負荷することができる。10MPaの圧力とは約1,000mの海底で受ける圧力と同じ値であり、動圧と静圧の違いはあるが、これを参考とされたい。

　耐衝撃評価試験装置と同様に、本試験装置により、安定した圧力を供試体に負荷することが可能となった。これまでに先進的な材料や異種材料間の継手部の強度検証に使用している。

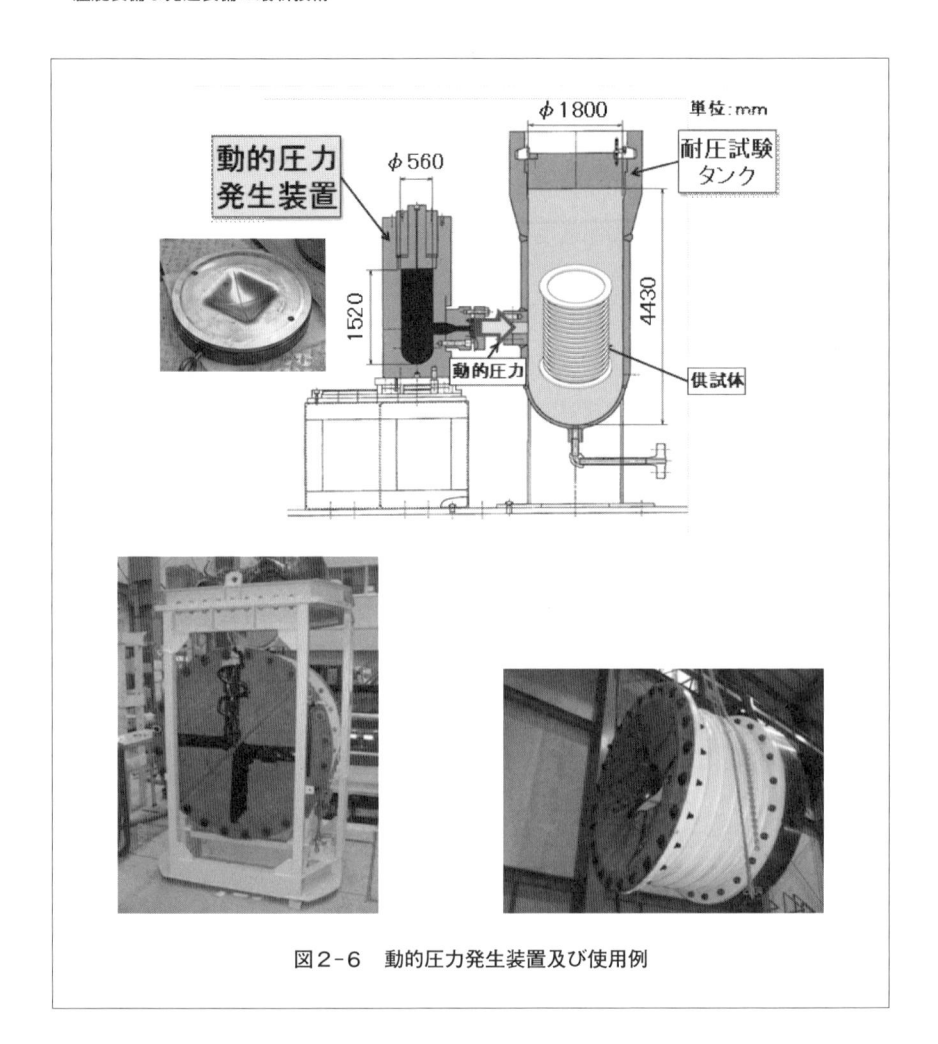

図2-6　動的圧力発生装置及び使用例

　艦内を伝搬する衝撃波動を減衰させることが必要である。衝撃の減衰には緩衝器やショックアブソーバ等を使用する。艦外から艦艇までの伝搬は数値解析を使用する。衝撃波は精度良く求めることが可能であるが、バブル波に関しては、船体やバブル自体の動きも考慮する必要があるため正確な値を求めることが困難である。

　艦艇の残存性向上の観点から構造強度技術のなかでも耐衝撃能力は一層求められる技術と考えられる。耐衝撃技術に関しては新たな材料の調査、緩衝機構の検討、数値解析能力の向上と取り組むべき課題は多い。米国に倣い定めた評価方法、評価基準についてもその理由を明確化し、必要に応じて、わが国で独自の評価を行っていかなくてはならない。試験方法については先に挙げた二つの試験装置を使用し継続的に試験を実施するとともに米国での水中爆破試験を実施し試験ノウハウを充実させていく必要がある。一方でさらなる水中爆破現象を簡易に再現できる試験方法を考案し艦艇の残存性向上を目指していきたいと考えている。

2．動力・推進技術

　艦艇および水中対処機器に用いる動力源については、出力・効率・サイズといった基本性能の優劣の他、振動・動揺等に対する耐性や、水中を航走するものについては、空気（酸素）利用の制限等が加わる。近年、これら技術的・性能的な面ばかりではなく、できるだけ低コストで成立するものが求められ、その重要度はますます高まってきている。

　以下では、艦艇および水中対処機器に用いられる動力・推進技術のうち、民間ではあまり使用例のないもの、比較的最近、艦艇等に応用が検討されてきているものを中心に動力の源である燃料との関連を踏まえつつ扱うこととする。

2.1　水上艦用機関

　水上艦用機関としては、ガスタービン機関、ディーゼル機関、電気推進機関等がある。

（1）ICRガスタービン機関

　ガスタービン機関については、わが国のほとんどの護衛艦用の主機および主発電機用として用いられている。特徴は、ディーゼル機関と比較して振動が少なく、水中放射雑音低減に有利で、高出力・軽量・コンパクトで増減速性に優れる。しかし、低速域での燃料消費率は大きい[2-5]。現在使用されている艦艇の主機用ガスタービン機関は、信頼性の高い航空機用エンジンを舶用に転用したものである[2-6]。LM2500（25,000kW）は、米ジェネラル・エレクトリック社製で、コアはジャンボジェットのエンジンになっているCF6であり、スペイSM1A（13,500kW）は、英ロールス・ロイス社製で、コアは英海軍向けファントム戦闘機等に採用されている中出力型エンジンで、スペイSM1C（13,500kW）は1Aの改良型である[2-7]。主発電機用はIHI製のIM400（2,700kW）等が採用さ

れている[2-5]。

　ガスタービン機関の短所である燃費向上のためICR（InterCooled Recuperated：「中間冷却」排熱再生器「回収型」）ガスタービン機関としてウエスティングハウス／ロールス・ロイス社製WR-21（25,200kW）は1991年から2000年にかけて開発された[2-8]。コアは、やはり航空機用RB211エンジンである。WR-21は、米DDG51の性能改善計画として搭載を目標としていた[2-9]が、開発の遅れ等から見送られ、2012年就役の英統合電気推進艦type45 DARINGに搭載されている。能力的には運用速度全域で効率が向上しており、中速域で27%以上効率が向上していることと、排気ガスの低温化によりIR（InfraRed：赤外線）ステルス性能向上が図れることが利点である。しかし、出力的に同等なLM2500がおおよそL8×W2.7×H3.0m・22,000kgのサイズ・重量であるのに対し、WR-21がおおよそL8×W2.6×H2.6mの直方体に排気部L5.2×W2.6×H2.2mが乗った形になっており（**図2-7**）[2-10]、重量は45,700kgである。体積比で1.3倍、重量比2倍となっているため、取得単価が高価なことに加えて、艦の設計上の制約となる。

（2）燃料電池（SOFC）＋ガスタービン・コンバインド機関

　工場等のプラントでも利用可能な電源装置を念頭に現在、実証運転が開始されている燃料電池、SOFC（Solid-Oxide Fuel Cell：固体酸化物型燃料電池）（運転温度700〜1,000℃）とガスタービンとのコンバインド機関（**図2-8**）[2-11]も、

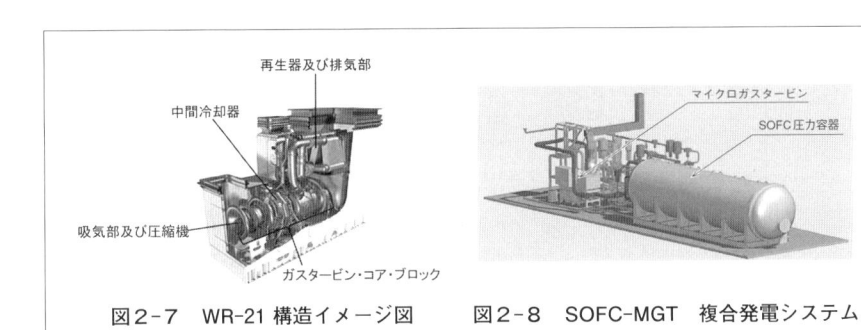

図2-7　WR-21 構造イメージ図　　　図2-8　SOFC-MGT　複合発電システム

やはり排熱の利用による効率の向上が狙いにある。この機関の艦艇への搭載化については、解決すべき課題が多い。確かに50％を超える効率が期待できるのだが、体積・重量あたりの出力がガスタービン単独の機関に比較して現状ではかなり低い。その他にも艦艇に搭載した際の振動・動揺に対する耐性が未確認であることや、異なる燃料を搭載しなければならないことなどがある。ガスタービン機関は用途により、灯油、軽油、A重油や、航空機用のJP-4、JP-5、または天然ガス等の幅広い燃料が使用できる。SOFCについても、改質技術により天然ガス、メタノール、灯油までは燃料として使えるが、今後、護衛艦においてガスタービンとの組合せを実現するには、軽油への適合が望まれるとともに、著しい小型化が必要となる。

2.2　潜水艦用機関

　わが国では、潜水艦の動力として、大気依存型のスノーケル・ディーゼル機関とAIP（Air Independent Propulsion：非大気依存型推進）システムを組み合わせて使用している。ここでは、AIPシステムについて扱う。

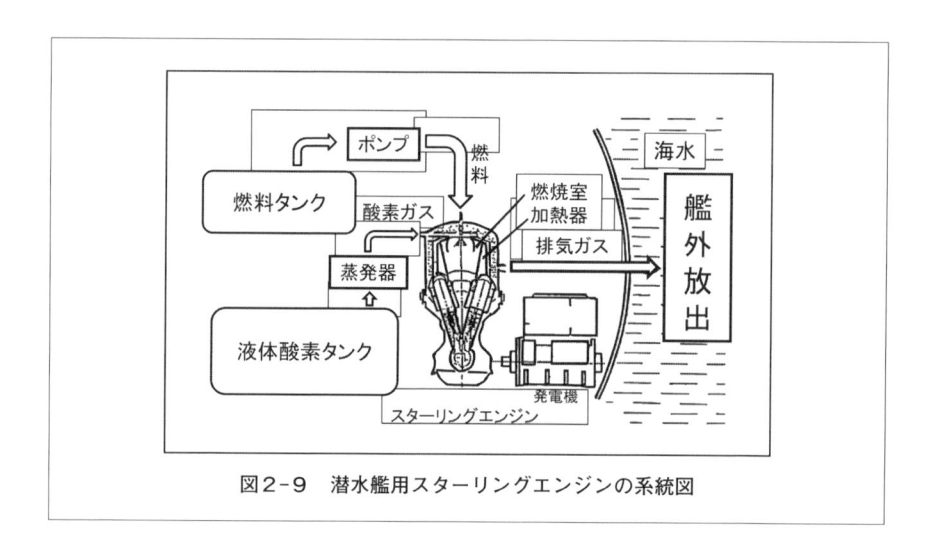

図2-9　潜水艦用スターリングエンジンの系統図

（1）AIPシステム（その1）スターリング・エンジン

　スターリング・エンジン（**図2-9**）は、理論効率が最高となるカルノーサイクルに最も近い熱サイクルが利用されているため、ディーゼル機関と比較して、高効率、静粛性に優れ、排気ガスに含まれる窒素酸化物が少ない特徴があり、潜水艦の水中潜行時間の延伸のため、技本では1991年から研究試作を開始した。技術課題のひとつは、液体酸素（沸点-183℃）の安定した貯蔵・供給にあったが、液化酸素タンクの侵入熱量の解析に基づく冷却方法の適正化によって解決し、練習艦「あさしお」による性能確認後、「そうりゅう」型潜水艦に搭載化されている。

（2）AIPシステム（その2）燃料電池（PEFC）

　燃料電池、PEFC（Polymer Electrolyte Fuel Cell：固体高分子型燃料電池）はSOFCに比較すると、運転温度が比較的低く（60～100℃）、他国の潜水艦やUUV（Unmanned Underwater Vehicle：無人水中航走体）などの水中を潜行する艦艇および航走体に適用例がある。燃料である水素の搭載・供給については、独のU212A型、U214型潜水艦や、独立行政法人海洋研究開発機構の深海巡航探査機「うらしま」[2-12]（**図2-10**）[2-13]では、水素吸蔵合金を搭載することで実現している。技術的課題としては、水素の漏出および水素による金属脆化への対策が挙げられる。しかし、ここで最も重要な課題は、燃料である水素搭載に関するコストである。潜水艦搭載への具体化には、水素吸蔵合金のコスト低減または安価で大量の水素貯蔵・供給システムが必要である。

図2-10　うらしま

2.3 水中航走体用機関

　水中対処機器のうち、自律型の水中航走体は、その航走性能によって、大きくは魚雷とUUVに分類可能であろう。魚雷に求められる動力の性質は、比較的短時間で高出力であり、UUVは長時間で低出力である。両者に求められる能力として、小型・非大気依存性がある。いずれも採用する動力装置は、熱機関と電池・電動機方式の二つに大きく分類でき、魚雷については、対象とする海域・対処目標などによることから、主に英米日では熱機関、独仏伊は電池電動機方式を採用している。

（1）熱機関

　燃焼の三要素には、可燃性物質、酸素、温度（火源）がある。水中の限られた空間においても可燃性物質と火源は用意できるが、酸素を継続的に供給することは困難である。そのため、使用する燃料も特殊なものとなる。そのような燃料にオットーフューエルがある。これは、高温・高圧を加えた状態では、火薬と同様に、酸素の供給無しに継続的に燃焼する。また常温・常圧では、比較的安定で扱いやすいという特徴があり、魚雷の燃料として、採用されてきた。

　これを燃料に動力を取り出す方法の一つが米国のMK-48魚雷などに用いられている[2-14] 斜板機構である。魚雷の外かくを輪切りにした時、断面にレンコンの穴のようにシリンダを配置し、燃焼ガスをそこに順次振り分け、ピストンを動かす。ピストンは斜板にロッドで連結され、回転運動に変換される。斜板は推進軸に連結されたプロペラを回す、という原理である。特徴として、水上艦用動力装置におけるディーゼル機関と同様に振動が比較的大きく放射雑音が大きい。また排気ガスを水中に放出する必要があり、深深度では水圧（背圧）より大きな排気圧力が必要となり、そこにエネルギーを消費するため効率が低下する。

　この深深度での効率低下を抑止する方法として、MK-50に用いられている[2-15]化学反応によって発生した熱による蒸気タービン方式がある。この方式は化学

反応で発生した熱で水を加熱し、発生した蒸気でタービンを駆動する外燃機関である。特徴として、化学反応の前後の体積がほとんど変化しないとことから密閉状態で使用でき、深度の影響は受けない。またタービン方式のため振動が比較的少なく、排気ガスを水中に放出しないことから放射雑音も低い。一方で、前述のオットーフューエルを使用した方式と比較して消耗品が高価であり、ライフ・サイクル・コストが高いことが課題である。

　両者の利点を最大限に活用する方式としてSpearfishに用いられている[2-16]、オットーフューエルを燃料としたタービンエンジンである。オットーフューエルと斜板機構の組合せでは、斜板機構の振動に起因する放射雑音が大きいが、斜板機構をタービンに置き換えることで、振動を小さくし放射雑音を低減することができる。化学反応によって発生した熱による蒸気タービン方式と比較して、消耗品が少なくライフサイクルコストの抑制が期待できる。ただし、この方式の実現にはオットーフューエルの燃焼ガスに耐えられるタービン材料の研究が必須である。大気中で使用する一般的なタービンでは、タービン翼の内部に空気を流し冷却する方式が採用されているが、水中では空気が使えないため、この方法は不可能である。その他の方法として、金属材料をコーティングするTBC（Thermal Barrier Coating熱遮へいコーティング）が有力であるが、オットーフューエルの燃焼ガスは、民生分野のタービンエンジンで使用されている石油系燃料の燃焼ガスとは組成が違うことから、慎重な検討が必要である。

（2）電池電動機

　魚雷において、電池電動機は、熱機関にエネルギー密度は劣るものの、機関の静粛性の点で優れているため、残響の影響の大きい浅海域や静粛化され航走速度の遅いディーゼル潜水艦を対象とする欧州諸国では採用されている。

　電池について、魚雷は訓練発射を除けば、目標に命中して任務を全うするという性質から繰り返し使用はしないため、自動車業界で研究の盛んなリチウムイオン電池などの二次電池の転用による恩恵は小さい。またエネルギー密度の点で、まだAgO-ZnやAgO-Al電池等の一次電池に現状では及ばないが、民生

分野において積極的に研究が行われていることもあり、研究の進展による出力向上、量産効果による価格の低減が図られれば、二次電池の使用はありうる。深度による背圧の影響を受けないため、これに起因した性能の低下を考えなくてよい。

電動機については、電池と同様に、民生分野において積極的に研究が行われており、自動車業界での永久磁石を利用したモータ技術の進展を、水中航走体用への転用が期待できる。

UUVにおいては、必要とされる長期間・低出力という運用特性から電池・電動機が適しているが、長期間運用を実現するためには、電池よりもエネルギー密度が高い燃料電池などの発電技術を積極的に活用する必要がある。前述の独立行政法人海洋研究開発機構の「うらしま」では、燃料電池への水素および酸素の供給源として、水素吸蔵合金と酸素タンクを搭載しているが、さらなる長期間運用には燃料電池もさることながら、水素および酸素供給源の小型高効率化が必要である。水素はアルミニウム微粒子（**図2-11**）などの金属と水の反応で発生させる方法、酸素は液化酸素での貯蔵や過酸化物の分解により発生する方法などの研究実績があるが、小型化には課題が多い。

2.4　推進技術

海で使用される推進器については、プロペラがほとんどである。ここでは新たな推進技術として現在研究がすすめられている水中グライダーを紹介する。

水中グライダーは、空中を飛行するグライダーと同様にプロペラなどの直接的な推進器を使用せず、海中を沈降・浮上して推進する方法（**図2-12**）である。原理は航走体内に海水を注排水することで水中重量を変化させ、沈降および浮上時に海水を航走体の翼で受け、重心を調整することで姿勢制御しながら移動する。浮上から沈降、沈降から浮上および航走体が安定するまでの姿勢制御時にしか航走に関するエネルギーを消費しないため、省エネルギーで静粛性

図2-11 アルミニウム微粒子
約40度の環境で水と反応して水素を発生する

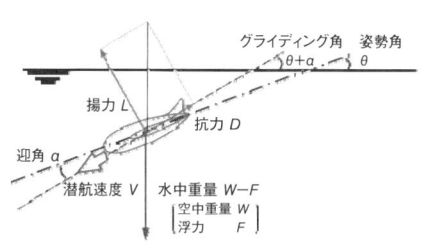

図2-12 水中グライダーにはたらく力のつりあい（潜入時）

図2-13 iRobot社 Seaglider

図2-14 水中グライダー滑走試験
（艦艇装備研究所大水槽）

に優れ、性能を絞り込めば、安価で長期間運用が可能なUUVとして期待できる。短所としては、低速運用が基本であり、速力を上げようとすると、航走体のサイズが大きくなることと、運動に制限が大きいことがある。

　現在のところ、民生分野で使用されている水中グライダーのほとんどは海洋環境調査を目的としたものであり、移動速度は代表的な製品でiRobot社のSeaglider（**図2-13**）[2-17]が0.25m/s、Teledyne Webb Research社のSlocum Glider[2-18]が0.4m/sである。水中目標の探索などのミッションを行うには、より早く移動する必要があることから、この数倍程度の速度で移動できる水中

グライダーを研究中であり、小型の原理検証用モデルではあるが水槽試験で
Seagliderの３倍程度の移動速度を記録した（**図２-14**）。現在、さらなる高速
移動が期待できる実海面試験用モデルを製作中であり、本誌が刊行される頃に
は実海面試験が実施されていることと思う。

　昨今の経済状況に影響され、コスト面での記述が多い文章になっている。ま
た艦艇への搭載または装備化に際して、従前の状況、既存の環境を大きく変革
することなく、導入できることが望ましいものと考えている。また、わが国を
取り巻く環境の変化、例えば、石油やリチウム等の希少金属の入手が困難とな
る世界状況となった際、それに対応する技術を準備しなければならない。特に
潜水艦、魚雷、UUVなどの水中で使用される動力・推進技術に関しては、民
生分野の技術転用はあまり期待できず、その性質上秘匿性が高いこともあり、
独自に研究開発を行う必要があることから、日ごろの地道な研究開発を着実に
積み重ね、技術を蓄積していきたい。

3. 流体ステルス技術

　「流体ステルス技術」は、艦艇や各種航走体に関連する流体力学的な技術の総称である。艦艇においては、船舶の推進性能や操縦性といった船舶工学で基本的な技術だけでなく、被探知防止の観点から、ステルス性に関する技術も重要である。そのため、流体ステルス技術に関連する技術分野は極めて広い。言うまでもなく、艦艇用プラットフォームの研究開発では、流体性能とステルス性の双方を視野に入れる必要がある。

　以下では、「流体ステルス技術」のうち、艦艇まわりの流れによって引き起こされる"流体雑音"について概説する。

3.1　艦艇に発生する流体雑音

　艦艇から発生する音響的な雑音は、自艦の存在を相手に知らせる危険性を増大させるとともに、自らのソーナーにとっても探知能力を低下させる要因となる。そのため、世界各国において雑音を低減させるための努力が継続的に実施されている。

　艦艇から発生する雑音は、原動機や各種補機類の発する振動から発生する機械雑音と、航行する艦艇の周囲に発生する水の流れから発生する流体雑音に大別される[2-19]。一般に機械雑音のエネルギーは、速力の3乗程度の割合で変化するのに対し、流体雑音は4乗から6乗で変化するといわれている。そのため、低速時では機械雑音が目立つ場合であっても、速力の増加とともに、流体雑音の影響が相対的に大きくなる傾向がある。そのため、艦艇では各種機器の防振といった機械雑音低減対策だけでなく、流体雑音低減が極めて重要である。

　一般に、水流中で発生する流体雑音の発生機構は、空気中で発生する流体音の発生機構とは大きく異なる。空気の場合、圧縮性があるため、渦などの流体運動により音波が放射される。一方、水中の場合は多少の圧力変動では顕著な

密度変化が発生しないため、流れそのものからは音が発生しにくい。通常、水の流れにより発生する音は　1）水中の泡が変形運動する場合　2）水に接した構造物が振動する場合、のいずれかで発生する。水中と空中で流れから発生する音の発生機構が異なることは、研究のアプローチの違いとしても顕著に表れる。空気の流れにより発生する音が、ライトヒル方程式に代表される理論[2-19]から解析的・数値的な取り扱いが可能なのに対し、流体雑音の研究は実艦計測に依存するところが大きい。数値計算・水槽試験は雑音源である流体運動に関する知見を得ることはできるが、模型試験結果から実艦の流体雑音レベルを直接換算することは極めて困難である。

　艦艇における流体雑音を発生箇所により分類すると①プロペラをはじめとする推進器に発生する推進器放射雑音②艦首部において船体が作り出す波が崩れることで発生する砕波雑音③その他の船体付加物（スタビライザ、船体の凹凸、各種の孔など）から発生する流体雑音に分類される（図2-15）。これらのうち、①と②は水中の気泡が、③は構造物の振動が主要な発生要因である。以下では、それらについて概説する。

3.2　プロペラ雑音とキャビテーション

　流体雑音のうち、最もレベルが高く有害とされるのが、プロペラに発生するキャビテーション雑音である。キャビテーションは、流れにより生じる局所的な低圧部で気泡が発生する現象であり、流体雑音のほか、顕著な振動やプロペラの損壊を引き起こす。図2-16は、プロペラ模型におけるキャビテーション発生様相の一例である。プロペラ翼の先端から糸状の気泡が発生し、プロペラの回転により、らせん状に後方へ流れる様子が見られる。この写真で示したような糸状のキャビテーションは、翼の先端で発生する渦の低圧部に発生することから"翼端渦キャビテーション"と呼ばれている。このタイプのキャビテーションは、比較的低い船速から発生が認められるため、艦艇の低雑音化の観点からは特に重要視されている。図2-17は、一般的なプロペラ模型から発生す

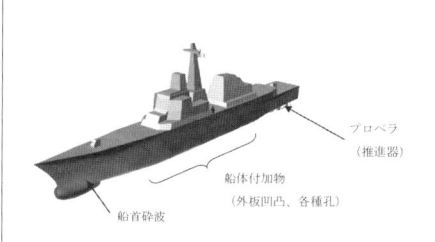

図2-15　艦艇における主要な流体雑音源

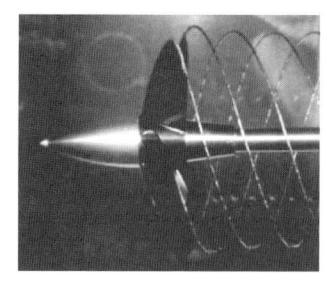

図2-16　プロペラキャビテーション

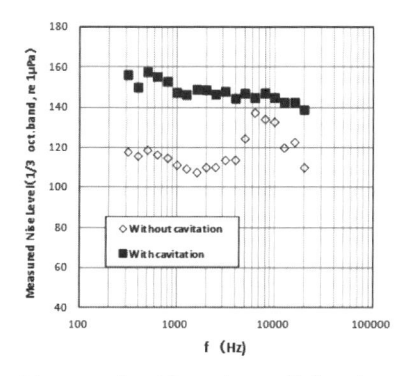

図2-17　キャビテーション発生による
　　　　雑音レベルの変化

図2-18　典型的なプロペラ形状
（左）通常型　（右）ハイスキュー型

る放射雑音を、キャビテーション発生時と非発生時で比較した結果である。キャビテーションの発生により、雑音レベルは大きく増加する。この例からわかるとおり、キャビテーション発生は艦艇のステルス性能を大きく阻害する要因であり、キャビテーション発生の抑制は、艦艇の静粛化において最も基本的な技術課題である。

　プロペラキャビテーションを抑制するため、プロペラ形状の改善が長年にわたり実施されてきた。図2-18は、プロペラ模型（旧運輸省航海練習船用）の例であり、1980年代まで標準的に使われてきた通常型プロペラと、現在の主流となっているハイスキュープロペラを比較している。プロペラ形状改善の研究

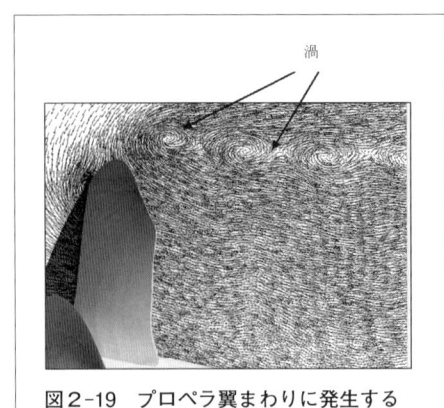

渦

図2-19　プロペラ翼まわりに発生する
渦の数値予測例[2-20]

が続けられた結果、最近のハイス
キュープロペラの多くは複雑な3
次元形状をしており、プロペラ形
状単独でのキャビテーション抑制
技術は限界に達しつつある。現状
以上のキャビテーション低減を図
るには、船体側の流場改善を含め
た対策が必要であり、防衛装備庁
艦艇装備研究所のフローノイズシ
ミュレータは、船体とプロペラを
トータルで試験評価することを念
頭に建設された。

　プロペラキャビテーションの研究においても、CFD（数値流体力学）の適
用は急速に進んでいる。艦艇装備研究所においても、前述した翼端渦キャビテー
ションと関連し、プロペラ翼の先端から出る渦をCFDで予測する研究を実施中
である。キャビテーションは、渦中心付近の低圧部で発生することから、数値
計算により渦の強さが適切に予測できれば、キャビテーション発生の危険性を
判定することが可能となる。計算は、市販の計算コード（STAR-CCM＋）を
使用しているが、翼端から出る渦の直径が極めて細いため、計算に使用するメッ
シュの形成に細心の注意が求められ、ノウハウの構築が必要である。**図2-19**
は、計算結果の例[2-20]であり、プロペラ翼端から形成される渦が明瞭に捉えら
れている。

3.3　艦首砕波で発生する雑音

　護衛艦に限らず、水上を航行する船舶は周囲に波を形成する。速力がある程
度以上大きくなると、形成された波が崩れ、多数の気泡からなる白濁領域が形
成される。一般に、波が崩れることを“砕波（さいは）”といい、白濁領域内の気泡の運

図2-20　護衛艦艦首における砕波の例
（出典：海上自衛隊ホームページ）

砕波領域

図2-21　水槽試験における砕波の例[2-21]

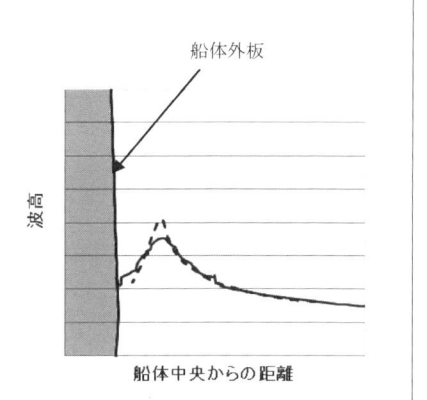

船体外板

波高

船体中央からの距離

図2-22　数値計算による波面傾斜の予測例
（実線：計算、点線：水槽試験）

動により発生する雑音を砕波雑音と呼ぶ[2-19]。**図2-20**は、海上自衛隊のホームページに掲載されている護衛艦の写真から、艦首まわりをクローズアップした写真である。この写真では、船体に沿って駆けあがるように形成された波が、ある高さで崩れて、空気を巻き込みながら海面に落下していく様子が明瞭に示されている。砕波雑音は、プロペラ雑音と比較してレベルの大きな雑音ではないが、護衛艦の場合、艦首部にソーナーが装備されているため、ソーナーの性能を低下させる要因となる。

　砕波のメカニズムについては、いまだに不明な点も残っているが、一般に波の傾斜角がある程度以上大きくなると、砕波が発生するといわれている[2-19]。砕波雑音の音源は、砕波に伴って形成された白濁領域の気泡であることから、波の傾斜を抑制し、砕波領域を小さくすることが砕波雑音の低減には有効である。さらに砕波領域をソーナーから離すことで、ソーナーへの影響を軽減することができると考えられている。

　実艦における砕波現象を直接計算することは困難であるが、CFDや水槽試験で得られた波傾斜分布から、砕波領域の予測が可能である。**図2-21**は、典型的な護衛艦形状の船型模型船首に発生する砕波の例であり、**図2-22**に市販

図2-23　粒子法によるくさび形状物体
周りの波崩れの計算例

のCFDコード（Ship Flow）を用いて予測した波高分布と水槽試験結果を比較した例を示す。CFDで得られた波高分布は、実測と比較して波傾斜を小さく評価する傾向はあるが、良好な一致がみられており、船型ごとの相対比較は可能であると考えられる。

　通常のCFDでは、計算対象とする物体の形状は一定である場合に適用されることが一般的であり、界面を伴う場合でも、界面形状が連続的に変化することが多い。しかしながら、砕波の計算では、界面形状が不連続に変化する上に、崩れた波が飛沫を発生させ、連続体としての取り扱いさえ困難である。そのため、艦艇装備研究所では、連続体である水を擬似的な粒子で表して計算する"粒子法"を用いて砕波現象を解明する研究を実施している。**図2-23**は船首を模擬したくさび状の模型を対象に、波の崩れを計算した結果である[2-21]。粒子法は、比較的新しい計算方法であり、本計算で用いた計算コードも艦艇装備研究所内部で製作したものである。粒子法で得られた結果の妥当性は、水槽試験結果との比較により評価され、計算精度の向上を図っている。

　本手法での予測結果から、水中への気泡取り込みや実海域における白濁領域の形成過程などのメカニズムが明らかにされる可能性もあり、今後の研究が期待される。

3.4　船体付加物に関連した流体雑音

　艦艇に限らず、海水に接する船体の表面は理想的な平滑面ではなく、ビルジキールやスタビライザ、海水取り込み孔やサイドスラスター等多くの付加物が

存在する。さらに、竣工時には平滑であった船体表面が、経時変化や生物等の付着で凹凸を生じる場合もある。ここでは、これらを船体付加物と総称する。

船体付加物から発生する流体雑音の特性は、発生箇所や速力等の条件により千差万別であるが、多くの場合、流れにより船体構造が励振されて発生する。例えば、機関の冷却等に必要な海水を取り込むために船体に設けられた箱をシーチェストというが、海水取り込み孔から発生する渦によるシーチェストの振動は、艦艇に限らず広く知られる現象である[2-22]。シーチェストの場合は、大振幅の振動に伴う高レベルの雑音を発生させるが、艦艇の場合はソーナードーム表面の流れや船体表面の小さな凹凸による、比較的レベルの低い雑音も問題となる。

流れと構造の相互作用により発生する雑音では、流体力学的な相似則と構造的な相似則が一致しないため、水槽試験やCFD計算といった流体力学的な検討結果のみで実艦の雑音特性を予測することは困難である。そのため、水槽試験やCFD計算により流れによる圧力変動（＝流体起振力）を推定し、その結果を入力値として構造計算を実施することで振動・雑音レベルを予測することが一般的である。現在行われている水槽試験、CFD計算の多くは流体雑音そのものを対象にするのではなく、起振力の推定のために実施されている。

図2-24は、艦艇装備研究所のフローノイズシミュレータの壁面に発生する境界層による圧力変動のパワースペクトルであり、航行する船舶の船体表面上に発生する圧力変動を単純化した例に対応している。図では、縦軸（周波数）、横軸（圧力変動レベル）ともに、流速で無次元化している。

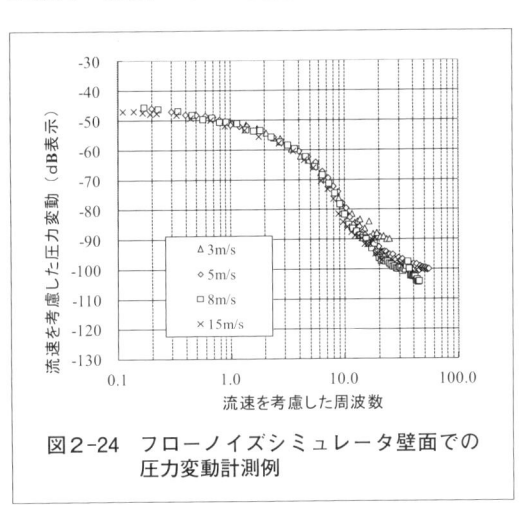

図2-24 フローノイズシミュレータ壁面での圧力変動計測例

この例では、圧力変動のパワースペクトルには明確なピーク周波数が認められず、広い周波数帯域で起振力が発生する。流体起振力を推定する際には、パワースペクトルのほか、圧力変動の空間的な広がりを周波数ごとに理解する必要がある。そのため、多数の計測点で圧力変動を同時に計測する必要があり、データの量も膨大となる。

さらに、壁面や単一の孔といった単純な形状のデータから、実際の艦艇・船舶における状況を推定することも容易ではないため、現状においては、建造時に場当たり的な対応をしているのが実状である。最近は、CFDによる圧力変動の予測もなされつつあるが、計算結果の検証の観点からも基礎的なデータの取得が必要であり、今後とも地道な研究を継続する必要がある。

3.5　今後の展望

流体雑音の研究は、水槽試験による模型スケールでの研究と実艦での計測を両輪として進展してきた。一方、近年の計算機性能の向上により、大規模数値計算によるアプローチに期待が高まりつつある。これまでのCFD解析では、時間平均的な特性は精度良く予測している例は多かったものの、流体雑音の原因となる圧力変動に関する報告例は、円柱等から発生するカルマン渦に関するものを除き、少数にとどまっていた。

しかしながら、近年になって、新幹線の騒音の原因となる車両周りの小さな渦[2-23]や、ターボ機械羽根車から発生する騒音を予測した結果[2-24]も報告されるようになってきた。キャビテーションや、砕波についても、さまざまな計算手法が提案され、実用的な課題に対する数値予測結果が報告されつつある[2-26]。

これらの研究は、計算機性能の向上により可能になった側面があり、新幹線車体周りの解析を例にとると、海洋開発研究機構の地球シミュレータ等を利用した産官学の大型プロジェクトとして実施されている。一般に、スーパーコンピュータの計算速度は10年間で1000倍といわれており[2-25]、2012年には、理化学研究所に世界最高水準のスーパーコンピュータ"京（けい）"が建設され[2-25]、その

名称のとおり 1×10^{16} 回／秒（「京」は10^{16}に相当する桁）の高速演算能力を達成している。計算機の演算速度が現在のペースで進むと、研究所レベルで所有できる高性能計算機により、実艦スケールの現象を数値的に再現することも不可能ではなくなる可能性がある。

　一方、水槽試験に代表される実験的手法も、粒子画像流速計（Particle Image Velocimetry, PIV）や高速度ビデオといった手法が実用化されるようになり、得られるデータの質的向上が図られつつある。大規模計算や水槽試験における計測技術の進歩は、実艦を用いた研究と比較して金額的にも時間的にも低コストで大きな成果をもたらし、世界各国でステルス化の流れが加速する可能性がある。そのため、わが国でも継続した取り組みと地道な努力が必要と考えられる。

第 3 章

艦艇探知技術

1. 送受波器技術

　水中の物体を探知する機材として、音波を用いるソーナー（Sonar）が知られている。これはSound Navigation and Rangingの略語であり、定義としては、水中を伝搬する音波を利用して深さ、距離、位置の測定や通信、航海および物体の探知などを行う方式、またはそのための装置（「音響用語辞典」）とされている。ソーナーという用語は、第二次大戦中の米国で、電波を用いるレーダ（Radar）に対するものとして呼称されたものである。

　ソーナーの方式は、アクティブソーナー（Active Sonar）とパッシブソーナー（Passive Sonar）の二種類に分けられる。使用者が目的に応じた音波を自ら放射し、それによって生じた目標からの反射音を受信して目標の距離、方位、形状、速度などの情報を得ることで探知を行うものをアクティブソーナーという。アクティブソーナーとしては、音響測深儀、サイドスキャンソーナーなどのほか、艦艇などの船体に装備されるハルソーナー、可変深度ソーナー、吊下ソーナーなどがある。

　パッシブソーナーでは、目標が放射する機械雑音、航走音などの音響エネル

図3-1　バウソーナー（AN/SQS-53）[3-5]

図3-2　吊下ソーナー（ヘリ用）[3-6]

ギーを受信し、目標についての方位、距離などの情報を得て探知および類別を行う。潜水艦など音を出せない艦艇の主ソーナーとして船体に装備されるが、水上艦などでホース状に後方へえい航するえい航式ソーナー（TAS：Towed Array Sonar）も存在する。

　アクティブソーナーは、潜水艦探知用ソーナーの他に、機雷探知機、魚群探知機、地層や海底油田探査用ソーナーなど多くの分野で利用されている。またアクティブソーナーの中で音波の送信と受信を同じ装置で行い、送波された音波が送信器と目標物体間を往復するものをモノスタティックソーナー、送信器と受信器が別々に離れた位置にあるソーナーシステムをバイスタティックソーナーと呼んでいる。また複数の送信器や受信器を組み合わせて一体のソーナーシステムとして運用される際、マルチスタティックソーナーと呼称して区別する場合もある。水上艦用のハルソーナーは、目標を遠距離探知するため、音波の減衰が比較的少ない低周波音波を用いることから大型のシステムとなり、通常推進器などからの影響を避けるため、船体の前部に装備される。船体の前端（bow）に装備される場合にバウソーナーということがある（図3-1）。またヘリコプタに装備されるソーナーは吊下ソーナーに分類される（図3-2）。

1.1　ソーナーの歴史

（1）レオナルド・ダ・ヴィンチから

　1490年にレオナルド・ダ・ヴィンチは、船から水中に長い管の先端を入れて遠くの船の音を聞くことに成功した。そしてこう結論づけた。「もし君が船を停止させて水中に長い管の先端を入れ一方の端を耳にあてるなら、非常に遠い距離にいる船の音を耳にするであろう」と。このダ・ヴィンチのアイデアこそ、後のパッシブソーナーの起源であるといえる。ダ・ヴィンチの15世紀の船は、当然現在のようなエンジン推進ではなく、帆走か大勢の漕ぎ手によるガレー船であった。

　アクティブソーナーの歴史の中で必ず語られるのが1912年のタイタニック号

の遭難事件である。サザンプトンからニューヨークに航海中のタイタニック号は、水中に体積の大半が隠れている氷山に衝突し多くの人命が失われた。この悲劇を受けて、各国で安全な航海のための装置の開発が盛んになったのである。1914年米国のフェッセンデンは、可動コイルを用いた"フェッセンデン発信器"と呼ばれる周波数約500～1,000Hzで作動する装置を開発し、距離2マイルにある氷山の探知に成功した。

　この1914年は、第一次世界大戦の始まった年でもある。ドイツの潜水艦Uボートによる通商破壊活動に悩まされた連合国側は早急な対抗措置の構築を迫られた。フランスでは、若いロシアの電気技術者C.シロゥスキィが、著名な物理学者P.ランジュバンに協力して、コンデンサ型送波器および炭素型マイクロホンについて多くの実験を行い、1916年に約200mの距離にある船の鋼板ならびに海底からの反射波を得ることに成功した。その後ランジュバンは圧電効果に注目し、1917年に水晶をサンドイッチ状にしたいわゆるランジュバン型振動子（図3-3）を用いた送波器を発明した。これは周波数100kHz程度、直径20cmほどの送受波器で、1,500mの距離にある潜水艦からの反射波を探知できたという。

　パッシブソーナーでは、この頃、聴音用に「レオナルドの音響管（air tube）が開発され、多方面で使用されるようになった。これは人間の耳と同じように、2本の音響管を使って音の到来方位を観測するものであった。その一例として、MV装置は船底の左右両舷それぞれに12本が一列となった音響管を2対配列したもので、目標の探知に効果があった。この他にも、水中中立ブイ（neutrally buoyant）方式があった。これは12個のハイドロホンが柔軟性に富むコードに接続されたもので、その形状から「eel（うなぎ）」と呼ばれていた。本器はどんな船でも簡単に使うことができ、騒々しい船の近傍ではなく、船尾後方にえい航して使用する。第一次大戦中には開発された各種のパッシブソーナーが3,000隻もの護衛艦などに装備されていた。パッシブであるため単体では目標の位置局限はできないが、複数の船で運用することにより、目標の位置を求めることができるのである。

　また英国ではR. W.ボイルを中心とするグループによって研究が進められ、

現在のソーナーを意味するアスディック（ASDIC：Anti-Submarine Detection Investigation Committee「対潜探知研究委員会」）という用語が作られた。これはソーナーが一般化するまで使われた用語であった。第二次大戦で開発されたASDIC147B型アクティブソーナーは、近距離用のソーナーであり、捜索用の144型と組み合わせて運用された。147B型送受波器は、刀型のSWORD型送受波器を使っており、送受波器を根本の部分から後方に45度傾けられる構造になっていた。45度傾けることにより音響ビームに俯角をかけることができ、前方下方に潜った潜水艦までの距離と深度を測定できるのである。送受波器は、ランジュバン型の水晶の圧電素子を使っており、周波数50kHzで縦5度、幅60度の扇状のビームを形成できた（**図3-4**）。

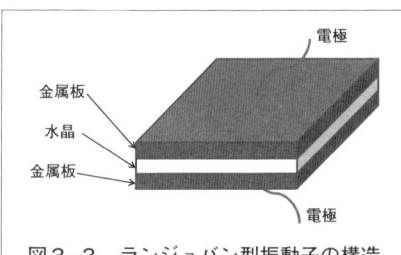

図3-3　ランジュバン型振動子の構造

（2）わが国における状況

　第一次大戦後の1920年（大正9年）頃、帝国海軍が潜水艦探知用にOVチューブといううえい航型の水中聴音機を英国から、またKチューブと前

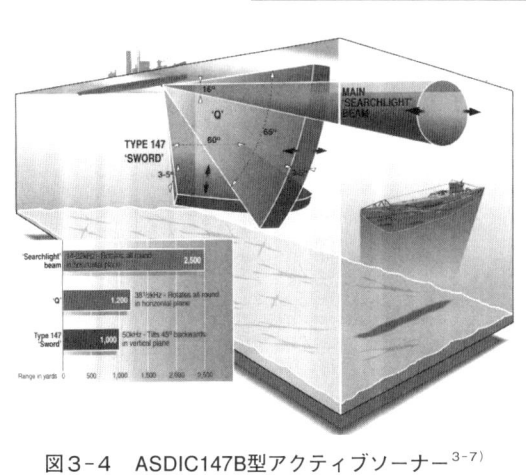

図3-4　ASDIC147B型アクティブソーナー[3-7)]

述のフェッセンデン発信器を米国から導入した。これが日本におけるソーナーの始まりである。Kチューブとは、長さ約60cmの流線型ゴム棒３本の中に炭素型受波器を埋め込んだ水中聴音機で、潜水艦の船首甲板に三角に配列し、うち２個を用いて２個のスピーカユニットから両耳に導く音響導波管の長さを調整して、バイノーラル効果による音像を正面に調整し、音源方位を求めるものであった。

1930年（昭和５年）フランスのスカム社から２台の水平ソーナーが輸入され、それを参考にしてサーチライト式ソーナーである91式探信儀が国産化された。これは25kHzのランジュバン型振動子を用い、1.7km先の潜水艦を探知する能力を持っていた。その後17.5kHzの93式探信儀が生産され、多くの艦艇に装備された。大戦の後期には、ドイツのS型探信儀をモデルに３式探信儀が開発された。

パッシブソーナーでは、1933年（昭和８年）にドイツのエレクトロアコスティク社の方式（グルッペンシステム）を国産化した93式水中聴音機が開発された。これは16個の可動コイル型受波器を外殻に沿って楕円配列し、接点切り替えと遅延回路で整相している（図３-５）。周波数範囲は500〜2,500Hzで自艦が低速なら単艦目標で10kmの探知距離が得られ、測角精度は５°であったという。

グルッペンシステムの水中聴音機は第二次大戦中の沿岸警備用の97式聴音機や、戦艦「大和」の艦首に装備された零式聴音機にも利用されている。1940年（昭和15年）に開発された零式聴音機は、30素子の二重楕円配列の可動コイル型受波アレイを用いていた。海軍ではその後４式水中聴音機（80素子）を開発し、駆逐艦などに装備した。

（3）日本陸軍対潜部隊

第二次大戦において、対潜戦を担当していたのは当然海軍であったが、島嶼作戦が主体となるに至り陸軍にも海上輸送を独自で行う陸軍船舶兵（通称「暁部隊」）が設置され、各種輸送船などを保有していた。輸送船は自衛のために対潜戦専門の人員が必要になり、そのための育成部隊として「船舶情報連隊（秘

匿名：暁第2940部隊）」が設立された。ここで面白いのは、陸軍海軍でも相手は同じ連合国潜水艦なのであるから、当然ソーナー装備も共通化が効率的であるが、陸軍でも東京大久保戸山ヶ原にあった陸軍第七研究所で独自に研究を進めたというところであった。

その結果、陸軍においても水中探信儀「ス号」と小型の「ラ号」が開発され、輸送船などに装備された。ス号は、磁歪材であるアルミと鉄の合金アルフェロを用いた振動子を用いており、3kWの入力で約2kmの反射波を確認することができたが、性能は不安定であった。小型のラ号では、せいぜい500m程度の探知距離しかなかったという（図3-6）。ラ号探信儀は、陸軍が物資輸送用に独自に開発、生産、運行していた潜水艇（通称：まるゆ）の艦首に装備されていた（図3-7）。

なお海軍と陸軍は独自にソーナーを開発したが、生産する会社は専門性から

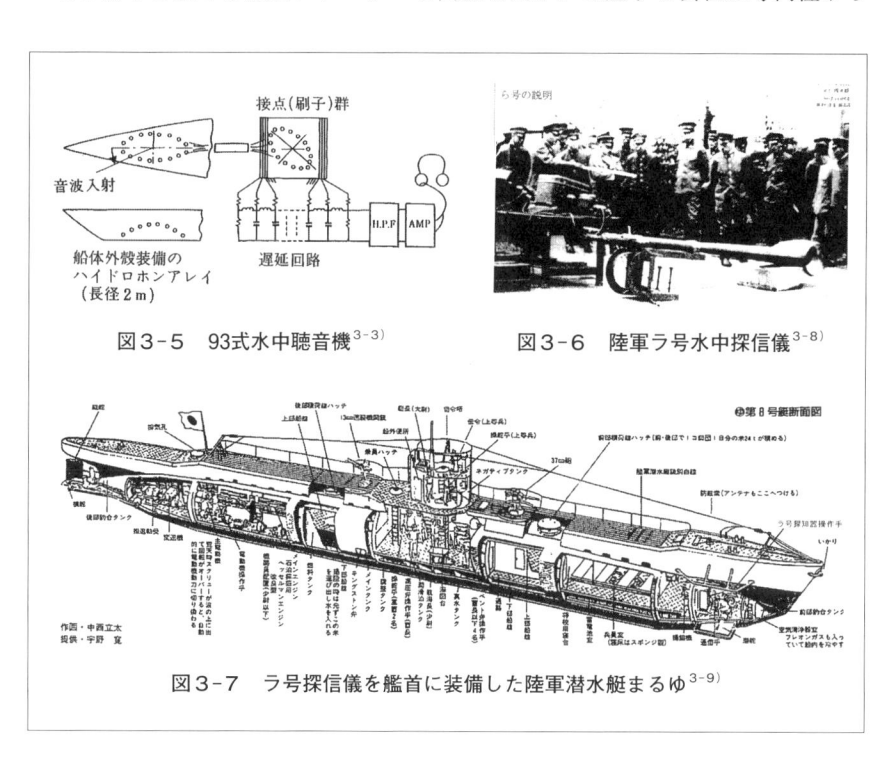

図3-5　93式水中聴音機[3-3]

図3-6　陸軍ラ号水中探信儀[3-8]

図3-7　ラ号探信儀を艦首に装備した陸軍潜水艇まるゆ[3-9]

図3-8　音響水槽として使用された阪神甲子園
　　　　野球場スタンド内プール[3-13]

同一の会社が担当していた。しかし、海軍の装備と陸軍の装備を同一の工場で扱うことは「嫌われた」ため、例えば海軍向けは静岡県の工場、陸軍向けは群馬県の工場というように別々に工場を設置し生産していた。

陸軍の対潜部隊である陸軍情報連隊は、兵庫県西宮市にある甲陽中学校の校舎に駐屯しており、講堂に前述の水中探信儀を据え付けて水測員の訓練を実施していた。中学校には隣接して阪神甲子園球場があり、当時その３塁側のスタンド内には長さ25m幅10mの温水プールがあった。ここは水温を年中25度に保つことができる機能をもっており、このプールに各種水中音響器材を持ち込んで大阪大学の音響科学研究所が、超音波探信儀や水中防音材の研究を実施したと伝えられている（**図3-8**）。

1.2　ソーナーのしくみ

（1）振動子

ソーナーに用いられる振動子材料として、圧電材料と磁歪材料などがよく用いられている。そこでおのおのの種類および特性について述べる。

(a)　圧電材料

水晶（quartz、化学式：SiO_2）

無色透明な石英のことをいい、古くから圧電作用のあることが知られていた。水晶の結晶に電圧を加えると、圧電体に変形が生ずる。電気的特性としては、通常はコンデンサとして作用するが、その固有振動数に近いある特定の周波数帯でのみコイルのように誘導性リアクタンスをもつものとして動作する。この

原理を応用した電子部品が水晶振動子である。水晶振動子は、非常に安定な固有共振周波数と狭い共振特性をもつ。この振動子を適当な能動回路と結合させると、きわめて安定な周波数で発振する水晶発振器となる。

ロッシェル塩（Rochelle salt、化学式：$KNaC_4H_4O_6 \cdot 4H_2O$）

酒石酸カリウムナトリウム。酒石酸ソーダカリの別名で人工結晶された圧電素子。電気音響変換器として容易に利用できるが、温度特性、耐久性が劣り、圧電セラミックに置き換えられた。初期のソーナー振動子として1938年に受波器が開発されている。

チタン酸バリウム（barium titanate、化学式：$BaTiO_3$）

1942年に米国でワイナーとサロモン、ソ連ではウル、日本では和久茂と小川建男によってほぼ同時期に発見された強誘電体。強誘電性から常誘電性に転移するキュリー点は、約120℃。0℃付近にも転移点があり、圧電特性の温度依存性が大きい。単結晶としてよりは、粉末を圧縮成形・焼結・分極処理した圧電性磁気材料（圧電セラミックス）として広く使われている。チタバリの略称がある。

チタン酸ジルコン酸鉛（lead zirconate-lead titanate、分子式：$PdTiO_3$-$ZrTiO_3$）

ジルコン・チタン酸鉛ともいう。Clevite社からPZTの商品名で発売されている。1952年に東京工業大学の高木豊、白根元、沢口悦郎によって発見された。開発以来、セラミックス振動子の利用技術が急速に発展した。特徴としてはキュリー温度が約350℃と高く、圧電効果が大きい。キュリー点以下に転移点がなく、温度係数が小さいなどチタン酸バリウムより優れた特徴をもつので圧電材料の代表的材料として利用されている。しかし、焼結は困難である。

高分子圧電体（piezoelectric polymer、化学式：CH_2CF_2等）

天然高分子材料の中で圧電効果を有するものとして木材、羊毛、絹、骨などがあるが圧電率は小さい。PVDF（ポリフッ化ビニリデン）は実用化できる高分子圧電材料として脚光を浴びている。シート状のPVDFを高温下で延伸処理および分極処理を行うと、柔軟性の高いシート状の圧電体が得られる。従来の

図3-9　PVDF素子を使った潜水
艦側面アレイ[3-15]

水晶やセラミックスの圧電材料に較べ共振が広く、水中音響では主に受波素子として用いられる。欧州では、潜水艦の側面アレイ受波器の素子として利用されている（図3-9）。

(b)　磁歪材料

ニッケル（nickel、化学式：Ni）

磁歪性を有する。フェライト永久磁石などでバイアス磁界を加えておき、これに巻き線を施して交流電流により振動を励起すると超音波を発生する。逆に超音波振動を受けると、磁歪効果により交流電流を生じる。

アルフェロ合金

1940年代、東北大学で開発された当時貴重だったニッケル磁歪材の代用として開発されたアルミと鉄の合金。

希土類磁歪材（Terfenol-Dなど、化学式：$Tb_xDy_{1-x}Fe_2$）

超磁歪材ともいわれる。テルビウム、ディスプロシウム、鉄からなる単結晶超磁歪材料で、従来の磁歪材料と比べ、約40倍もの変位を示す。高出力、高耐久性、高速応答性を持ち、ソーナー、海底探査、資源探査、アクティブ制振、センサなどに実用化されつつある。米国海軍兵器研究所（Naval Ordnance Laboratory）で開発されたETREMA社のTerfenol-D（商品名）が知られている。希土類磁歪材の材料定数を、

表3-1　振動子の材料定数の比較[3-16]

項　　目		希土類合金	圧電セラミック（PZT）	ニッケル
密度	$10^3kg/m^3$	9.25	7.49	9.0
ヤング率	$10^{10}N/m^3$	2.5～3.5	7.5	22.5
電気抵抗	$\mu\Omega cm$	60	－	660
歪み量	ppm	1,500～2,000	200	40
エネルギー密度	J/m^3	14,000～25,000	930	30
結合係数	％	70～75	65	30

セラミックなどと比較して**表3-1**に示す。

⒞　その他

光ファイバ（optical fiber）

1970年代米海軍研究所（NRL）のJ. A.ボーカーらは、光ファイバが曲げや振動などの外乱によって伝送特性が変化するという現象を利用して水中音響センサができると考え研究を開始し、1977年に光ファイバ水中音響センサの高感度可能性の実験報告を行った。これは光ファイバに加わる音圧によりファイバ内を伝搬するレーザ光の位相や強度が変化する現象を応用した受波器であり、水中部分を全光系で構築できるため電磁誘導や水中絶縁の問題がない。米国では、潜水艦の側面アレイに光ファイバを用いた受波器を装備している（**図3-10**）。

油圧式

送波器の駆動素子として油圧を用いるもの。高い周波数は難しいが低周波の海洋音響トモグラフィ用の音源などとして利用される。

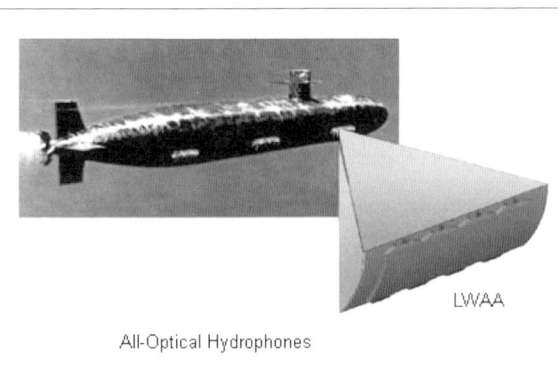

Fiber Optic LWAA

- 6 arrays (three per side)
- -450 hydrophones per array
- Provides ranging capability without maneuvers
- Passive acoustics

LWAA

All-Optical Hydrophones

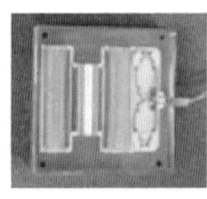
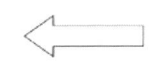
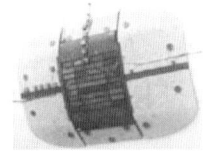

図3-10　光ファイバを使った潜水艦側面アレイ[3-17)]

エアガン式

　海底油田探査や海洋底地球科学を中心とする深部の地層探査に必要な数Hzから100Hzの非常に低い音源として用いられる。エアガンは最も多用されている爆発性音源で、100気圧以上に圧縮された空気を電磁弁の操作で一気に水中に放出することにより、その衝撃を音源として利用している。

（2）送受波器形式

(a)　厚み振動送受波器

　音響測深機や魚群探知機のような高周波用では板状の圧電振動子を用い、その厚さ方向での半波長共振効果を利用する。通常は、片面が放射音場媒質に接し、他方が空気やキルクゴムなどの低音響インピーダンス材料に接する構造である（図3-11）。放射面は保護のため、ウレタン樹脂やポリエチレン、ゴムなどでモールドする。振動子の前面にマッチング層（整合層）を入れて放射負荷を増やすことにより効率を上げ帯域を広げる場合もある。

(b)　屈曲円板型送受波器

　円形の圧電振動子の広がり振動（伸縮）を、周囲が固定されていることにより屈曲運動に変換され、比較的低周波の共振を実現する送受波器（図3-12）。ヘリの吊下ソーナーなどに利用されている。

(c)　トンピルツ型送受波器

　駆動素子となる圧電セラミックを適当な形のフロントマスとリアマスに挟んだサンドイッチ構造をもつ。この構造はランジュバン型振動子と呼ばれることから、ランジュバン型送受波器ともいう場合がある。圧電セラミックの圧縮強度は大きいが、引張応力に対しては脆いため、あらかじめボルトで締めてプリストレスをかける構造のものをボルト締めランジュバン型送受波器という（図3-13）。本形式は、艦艇のアクティブソーナーとして最も一般的な送受波器構造である（図3-14）。

(d)　フレックステンショナル型送受波器

　フレックステンショナル型は数kHz以下で共振するハイパワー送波器として用いられる。本方式では圧電振動子の積層はシェルに挿入された構造であり、

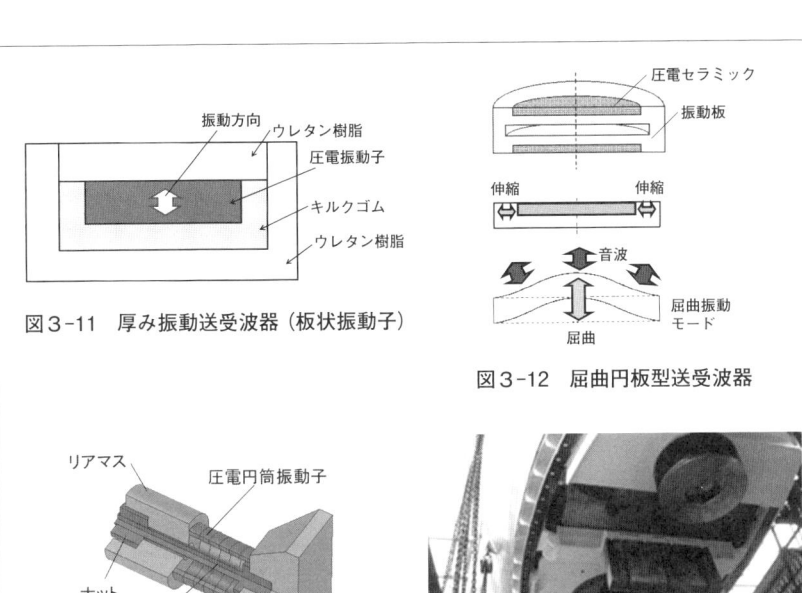

図3-11 厚み振動送受波器（板状振動子）

図3-12 屈曲円板型送受波器

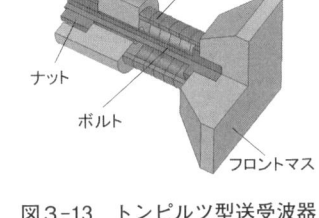

図3-13 トンピルツ型送受波器

図3-14 水上艦用アクティブ送受波器
アレイ[3-15]

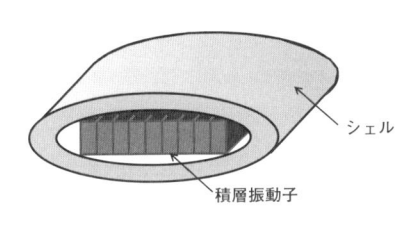

図3-15 フレックステンショナル型送波器

積層振動子の比較的小さな線形の動きがシェルで大きな動きに変化することによってハイパワー送信が可能となる（図3-15）。

1.3 将来動向

（1）音響レンズ

　水中の地形や物体を可視化して表示する映像ソーナーには、従来サイドス

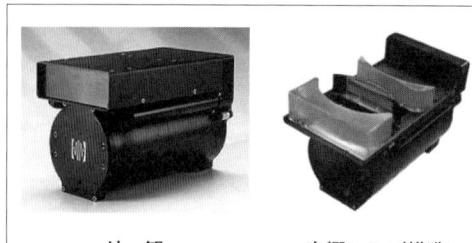

外　観　　　　　**音響レンズ構造**

図3-16　DIDSON（音響レンズ式ソーナー）[3-18]

キャンソーナーやマルチビーム測深器等が存在したが、これらはいずれも送波および受波アレイの各素子を制御することで音響ビームを走査し画像を得ている。このビームフォーミングに必要な電子回路と計算時間は映像ソーナーの高分解能化・高フレームレート化の障害となっており、電子的走査によらないビームフォーミング法として音響レンズを用いた手法が研究されている。既に商用ベースで実用化された音響レンズ式映像ソーナーとして、ワシントン大学のE.バルチャー教授らにより開発され、現在Sound Metrics社から販売されている"DIDSON（Dual frequency IDentification SONar）"がある。DIDSONは水平方向に素子を並べた送受波アレイに対し、内蔵する3枚の円筒形音響レンズにより1.8MHz動作時で垂直方向14°、水平方向0.3°のビームを水平に96本、1.1MHz動作時で垂直方向14°、水平方向0.6°のビームを水平に48本形成する（**図3-16**）。DIDSONは米海軍に採用され、港湾巡視、船体検査、沈没物捜索等の用途において、特に視界が確保できない濁水中において効果を上げている。

（2）連続波ソーナー

　現用のアクティブソーナーは、一般的に短いパルスの送信時間と、目標からの反射音を待ち受ける受信時間の組合せで成り立っている。その結果、一つの送信パルスに対する反射音は、目標が一つの場合、1回のみが原則になる。そのため、目標の情報をより詳細に得るためには、パルスの送信間隔を短くしていくことになる。連続波ソーナーは、送信をパルス波ではなく、周波数を変化させた連続波で行うことにより、探知能力の向上を図るものである。特徴としては、

○広い帯域の周波数を使用することにより、キャビテーションの発生を抑えた
　送信が可能
○連続探知により、誤探知の割合を抑え、探知精度を向上させることが可能
○探知後の追尾精度が向上し、自動追尾などへの応用が可能
などが挙げられる。

　一方、現用のソーナーと比較して、送信部分とは別に受信部が必要である、
残響の中から目標信号を検出する技術が必要、周波数を連続変化させることか
ら広帯域送波器が必要などの条件から、連続波ソーナーは従来、海底探査など
における前方探査ソーナーなど比較的近距離用での使用例しか見られなかっ
た。しかし近年、欧州や米国において、その特徴を生かしたソーナーの研究が
進められている。

（3）アクティブTASS

　可変深度ソーナー（VDS：Variable Depth Sonar）は、船体に固定されたハ
ルソーナーとは異なり、船体の後方にえい航するソーナーである。現在一般的
に運用されているものとしてはホース内に受波素子を配列した全長数百mの受
波アレイをえい航するパッシブタイプのえい航式ソーナー（TASS）がある。
これは、目標である潜水艦などの放射する雑音を捉えて探知することを目的と
しているが、近年目標の静粛化が進展することにより従来の効果が期待できな
くなる傾向にある。

　この状況に対応するた
め、従来パッシブタイプで
あったTASSにえい航式のア
クティブ音源を組み合わせ
て探知能力を向上させる方
式が開発されている（図3
-17）。これはハルソーナー
では探知困難な層深下の目

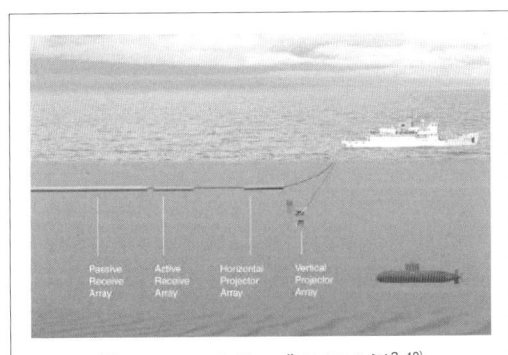

図3-17　アクティブTASSの例[3-19]

標を探知する他に、個艦のみならず僚艦とも組み合わせたマルチスタティック
ソーナーとして発展させることを考慮に入れていると考えられる。

　アクティブTASSの形式は、ケーブルでえい航する音源部分の後方にホース
状の受波器アレイをえい航するタイプや、音源部と受波器を別にえい航するタ
イプ、音源部をホース状として、受波器アレイと同一ライン上でえい航するタ
イプなど複数の種類が存在する（図3-18）。従来からTASSでは探知目標の左

図3-18　アクティブTASS用音源
　　　　（手前：ホース式、奥：吊下式）[3-19]

右判別が課題の一つであっ
たが、アクティブTASSでは、
送波器の送波を左右に打ち
分ける方式、1本の受波器
アレイに左右判別機能を付
与する方式、複数の受波器
アレイをえい航して判別す
る方式などがあり、それぞ
れに長所と短所がある。

　大気中と異なり電波を用いたセンサが運用し難い水中では、昔から音響を
使った探知がさまざまに試みられてきた。今回紹介できたのは、その歴史の中
のほんの一例であり、試行錯誤の段階で消えてしまった技術も数多く存在した
と思われる。ソーナーでは、新しい素材や方式の採用が運用まで含めた大きな
変化をもたらしてきた。現在、計算機の高速化により、従来はできなかった信
号処理を高度に行うことによる探知能力の向上がソーナー分野でも効果を上げ
ている。その一方で、信号処理以前の、「音を出す」および「音を受ける」と
いう送受波器の技術についても将来を見て同様に研究を進めていく必要がある。

　ソーナーの送受波器は、運用時には常に水中にあり、通常一般の人の目に触
れる機会はほとんどない。本書によって、送受波器技術について少しでも興味
をもっていただければ幸いである。

2．ソーナー処理技術

　ソーナーは、水中における最良の通信手段である音波伝搬を利用して水中目標に関する情報を得る装置であり、空中において電磁波を利用するレーダに相当する。ソーナーによる処理において、水中の音波は空中の電磁波に比べて以下のような不利な点がある[3-20], [3-21]。

（1）伝搬速度が遅い。電磁波が秒速約30万kmに対し、音波は約1.5kmである。例えば、15km先の目標に対し、レーダでは1秒間に1万回の目標エコーを受信できるのに対し、ソーナーでは20秒間に1回しか受信できない。

（2）伝搬が非常に複雑である。水平方向に伝搬する音波は屈折したり、海面・海底で反射しながら伝搬することで、マルチパスや揺らぎを生じるため目標信号が劣化しやすい。

（3）使用できる周波数領域が制限される。周波数が高くなると音響エネルギーの吸収減衰が増大するため、探知距離を延ばすためには低周波化が必要となる。

（4）水中では多くの雑音発生要因がある。低周波になるほど周囲雑音レベルが高くなり、また浅海域では残響レベルも高い。

　一方、上記の（3）に関連して、ソーナーで使用する周波数はレーダに比べて低く、処理レートが遅いことから、デジタル化や信号処理を適用し易く、複雑なデジタル処理が比較的早くから取り組まれ、上記のデメリットを補う努力が払われてきた。

　ソーナーには潜水艦探知、機雷探知、障害物探知、水中通話、音響測深等の用途に応じて多くの種類があるが、ここでは主に潜水艦探知用のソーナーを取り上げ、そこで用いられる処理技術を示すものとする。

　ソーナー処理の主な目的は、受信信号の中から雑音に埋もれた目標信号を信

号対雑音比（SN比）の改善を図ることによって検出し、目標の類別、追尾および目標管理を行う技術である。以下、ソーナー処理技術について概説する。

2.1　ソーナー処理の流れ[3-21)〜3-24)]

　パッシブソーナーおよびアクティブソーナーにおける基本的な処理の流れを図3-19に示す。

　指向性合成とは、アレイ状に空間配置された複数センサにより、特定方位の信号のみを受信または特定方位の雑音を抑圧する処理である。

　信号処理とは、雑音を低減し、SN比を改善して信号を抽出する処理である。指向性合成が空間処理であるのに対し、ここでは時間的処理が主体となる。

　表示処理とは、ソーナーオペレーターが表示器上から目標信号を判別できるように、受信信号から得られる情報を最適に表示器上に表示させるための技術である。

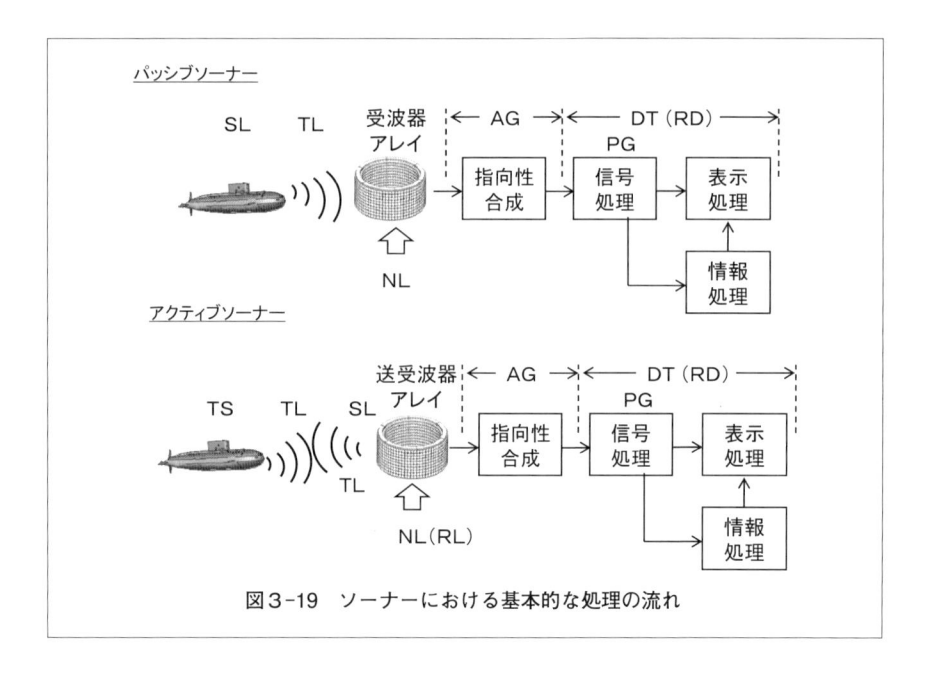

図3-19　ソーナーにおける基本的な処理の流れ

　情報処理とは、パッシブソーナーでは受信信号が目標からの放射音かどうか
を判別する処理であり、アクティブソーナーでは受信信号が目標からの反響音
かどうか判別する処理である。

　ソーナーの探知能力を評価するための理論的基礎として定式化されたのが
ソーナー方程式であり、パッシブソーナー、アクティブソーナーそれぞれ次の
ように示される。

$$SE = SL - TL - NL + AG - DT$$

（パッシブソーナー）………………………………………………………(1)

$$SE = SL - 2TL + TS - NL + AG - DT$$

（アクティブソーナー（雑音背景））…………………………………………(2)

$$SE = SL - 2TL + TS - RL - DT$$

（アクティブソーナー（残響背景））…………………………………………(3)

ソーナー方程式に関係する各種パラメータはソーナーパラメータと呼ばれ、
次の通りに定義される。なおソーナーパラメータの量は基準値に対する比で表
したデシベル（dB）で計算される。

　SE：信号余剰

　SL：音源レベル（パッシブソーナーでは目標音源、アクティブソーナーで
　　　は送波音源）

　TL：水中音波の伝搬損失

　TS：ターゲットストレングス

　NL：雑音レベル

　RL：残響レベル

　AG：配列利得

　PG：信号処理利得

　DT：検出域値

　RD：認識ディファレンシャル

この式は雑音中から信号を検出するのに必要なSN比の余裕度（信号余剰SE）
を示したものである。パッシブソーナーの場合、図1において目標音源レベル

SLの信号は海中を伝搬し、TLだけ減衰を受け、SL－TLのレベルでソーナーに受信される。またアクティブソーナーの場合、送波器アレイからの送波音源レベルSLの信号が海中を伝搬することによりTLだけ減衰され、TSの強さで目標に反射され、また同一経路をTLだけ減衰しながら戻り、SL－2TL＋TSのレベルでソーナーに受信される。ソーナーの受信ではレベル減衰した目標信号とともに雑音NL（または残響RL）が同時に入り、信号と雑音が混在した形となる。送受波器アレイは、センサの配列間隔、アレイの大きさなどに合わせて指向性合成がなされる。この処理によるSN比の改善効果を配列利得AGと呼ぶ。さらに、指向性合成出力に対し、周波数分析処理、積分処理、相関処理等の信号処理を行い、SN比を改善する。信号処理によるSN比の改善量を信号処理利得PGと呼ぶ。信号処理後の出力は記録器、表示器の特性に適合させる表示処理を行い、所望の探知性能を達成する。表示処理出力から所望の確率で信号検出が可能なSN比を検出域値DT（または認識ディファレンシャルRD）と呼ぶ。DTは通常、指向性合成出力でのSN比で規定され、PGを含んだ値となる。以下に、各処理についての概要を述べる。

2.2　指向性合成[3-23), 3-25)〜3-27)]

指向性合成はレーダにおけるフェーズドアレイのように個々の素子入出力信号を所望の方位に位相が揃うように加算し、音響ビームを任意の方向にステアリングする処理である。受波器アレイに対する処理では、所望の方位以外から到来する音波は位相が揃わないために互いに打ち消し合い、指向性出力は単一素子の出力に比べてSN比が改善される。例として直線アレ

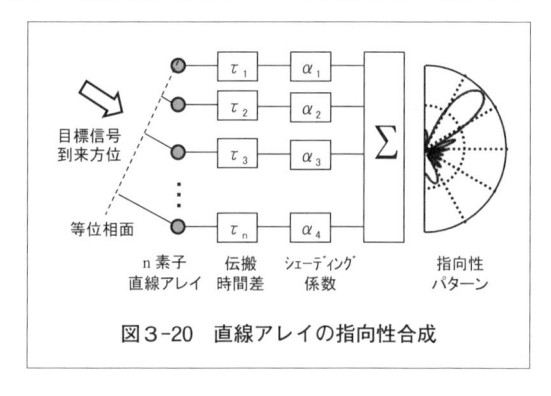

図3-20　直線アレイの指向性合成

イにおける指向性合成の基本概念を**図3-20**に示す。目標信号がある方向から
アレイへ到来した場合、各素子の受信信号には到来方位に依存した相対的な伝
搬時間差τが発生する。指向性合成は各素子間で位相を一致させるために、こ
の伝搬時間差を補正し加算するのが基本であり、この処理で得られる配列利得
AGは次式で定義される。

$$AG = 10\log \frac{\text{指向性出力のSN比}}{\text{単一素子のSN比}} \quad \cdots\cdots\cdots\cdots\cdots\cdots\cdots\cdots\cdots\cdots\cdots\cdots(4)$$

　ソーナーの妨害雑音は、全方位均一レベルであるというより、むしろ比較的
近距離にいる他の船の発生する雑音またはソーナーが搭載されている自艦の発
生する雑音等、特定方位から到来する雑音が支配的である。従って、指向性合
成では、雑音が到来する特定方位の副極レベルを抑制することが望ましい。指
向性の制御としては、各素子の出力信号にシェーディング係数という重みを掛
けて加算するシェーディング処理があり、i番目とj番目の素子間の信号と雑
音の相互相関係数をそれぞれ $(\rho_s)_{ij}$、$(\rho_n)_{ij}$、シェーディング係数をaとする
と配列利得は次式となる。

$$AG = \log 10 \frac{\sum_{i,j} a_i a_j (\rho_s)_{ij}}{\sum_{i,j} a_i a_j (\rho_n)_{ij}} \quad \cdots\cdots\cdots\cdots\cdots\cdots\cdots\cdots\cdots\cdots\cdots\cdots(5)$$

　図3-21に直線アレイにおいてシェーディング処理を行った場合と行わな
かった場合の指向性パターンの例を示す。同図において、最大ピークをもつ山
の部分が主極、その他の山が副極である。シェーディング処理により副極レベ
ルが低減され、所望方位以外から大きな妨害音が到来する場合には利得が向上
することになる。

　シェーディング係数は最適な指向性のためのさまざまな試みがなされてい
る。実際には、低減したい雑音の周波数帯域や到来方位は、その時々の海洋環
境や艦艇の航行状況によって時々刻々とその特性が変化するが、それに対する
有効な方法として、固定重みを用いる従来の方法ではなく、周囲環境に応じて
適応的に指向性を最適化する適応ビームフォーミング（ABF：Adaptive Beam

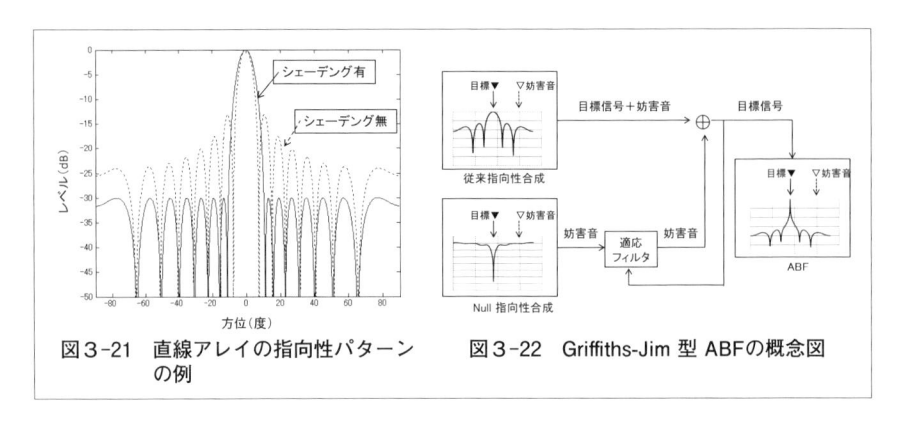

図3-21　直線アレイの指向性パターン
　　　　の例

図3-22　Griffiths-Jim 型 ABFの概念図

Forming）技術が挙げられる。その代表的なアルゴリズムの一つにGriffiths-Jim型ABFがある。その概念図を**図3-22**に示す。

　Griffiths-Jim型ABFは、図中の従来指向性合成により所望の方位にビームを形成するとともに、Null指向性合成により所望方位に低い感度を持つビームを形成し、その出力を適応フィルタに通して従来指向性合成出力から減じたものを出力値とし、この値が小さくなるようにフィードバックをかけて適応フィルタを適応的に制御するというものである。Nullビーム出力には所望方位から到来する信号成分以外の雑音成分のみが含まれると考えられるため、出力値が小さくなるよう適応フィルタを制御することで所望方位の成分に影響を与えず、それ以外の成分を低減することができる。以上の処理を実現するアルゴリズムとしてLMS（Least Mean Square）アルゴリズム等が提案されている。適応ビームフォーミングは多大な処理を必要とするが、近年の計算機能力向上に伴い、実用化の域に入りつつある。

2.3　信号処理 [3-21), 3-28)～3-30)]

　目標の発生する雑音を扱うパッシブソーナーと、目標の反響音を扱うアクティブソーナーとでは処理が異なり、以下はアクティブソーナーの処理とパッシブソーナーの処理を別々に説明する。

（1）パッシブソーナーの信号処理

　パッシブソーナーでは、対象とする信号が既知ではないため、雑音と信号の広帯域スペクトル特性は同一、雑音がガウス性白色雑音、信号は平面波と想定して処理系を構成するのが一般的である。パッシブソーナーの信号処理の基本は指向性合成による出力信号のスペクトル解析を行い、周波数情報と方位情報を抽出することである。代表的なスペクトル解析方法としてFFT（Fast Fourie Transform）があり、現在のパッシブソーナーで最も多用されている。

　信号処理によるSN比の改善効果は、フィルタリングによる雑音成分の排除効果と、積分処理による雑音の暴れの抑圧効果とからなる。狭帯域信号の場合は、分析幅Δｆの周波数分析を行い、その結果をT秒間積分処理を行うと、信号処理利得PGは次式となる。

$$PG = 5\log(T/\Delta f) \cdots\cdots\cdots\cdots\cdots\cdots\cdots\cdots\cdots\cdots\cdots\cdots\cdots\cdots\cdots (6)$$

　広帯域信号の場合は、周波数・時間積分による雑音の暴れの抑圧効果が利得となる。簡単のため、処理帯域にわたって信号と雑音とが同じスペクトル形状を持ち、白色化処理により平坦な周波数特性が得られているとすると、帯域幅B、積分時間Tでの信号処理利得は次式で表わされる。

$$PG = 5\log(BT) \cdots\cdots\cdots\cdots\cdots\cdots\cdots\cdots\cdots\cdots\cdots\cdots\cdots\cdots\cdots\cdots (7)$$

　計算機処理能力の向上に伴い、このような処理を複数の分析条件で並列に行うことにより、特性未知の信号に対する処理利得PGを最大限に引き上げている。

（2）アクティブソーナーの信号処理

　アクティブソーナーの特徴は送信する信号が既知なことであり、代表的な信号処理として、送信波形をレプリカとして受信波形との相関を求めるレプリカ相関が利用されている。典型的な送信波形として、時間に対して周波数が直線的に変化するLFM（Linear Frequency Modulation）信号が多く用いられている。パルス幅をT、周波数帯域幅をBとすると、相関処理の出力はパルス幅が1／B

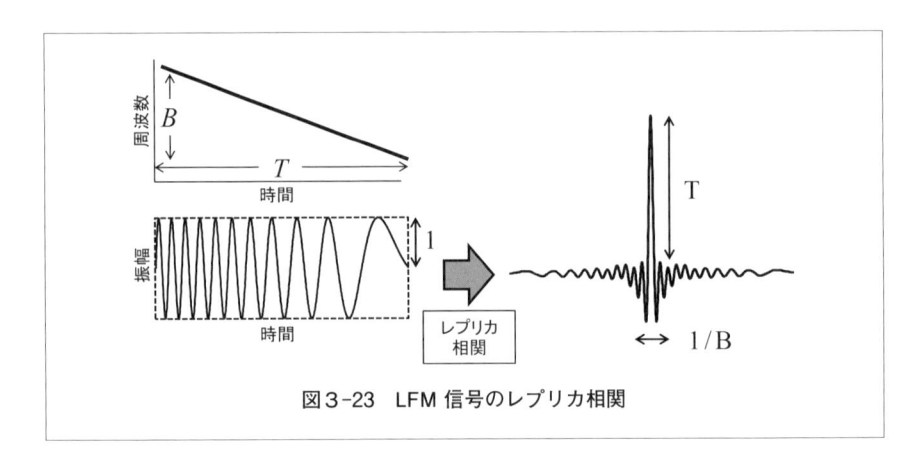

図3-23　LFM 信号のレプリカ相関

に圧縮されて時間分解能が向上し、振幅がT倍になり（**図3-23**参照）、最終的に信号処理利得は以下の式で表わされる。

$$PG=10\log(2BT) \quad \cdots\cdots\cdots\cdots\cdots\cdots\cdots\cdots\cdots\cdots\cdots\cdots\cdots\cdots\cdots(8)$$

　実際は、海中伝搬やドップラー効果等の影響でエコー波形が歪み、またエコーと同時に受信される残響信号が送信波形との相関を有することから、信号処理利得は劣化する。それに対応するため、ドップラー効果によっても瞬時周波数が変わらないLPM（Linear Period Modulation）信号、距離分解能とドップラー分解能を両立できる疑似ランダムノイズ（Pseudo Random Noise）信号、残響環境に適した時間周波数パターンを選択できる適合パルス相関（Adaptive Pulselength Correlation）信号等の各種の信号波形が提唱されている。**図3-24**に各種信号波形の時間―周波数特性を示す。ソーナー送受波器の広帯域化が進む中で信号波形の選択範囲が広がっており、ソーナーの能力をさらに向上させる新しい信号処理の実現が期待される。

2.4　表示処理[3-21), 3-28), 3-31), 3-32)]

　「2.3　信号処理」と同様にパッシブソーナーとアクティブソーナーに分け

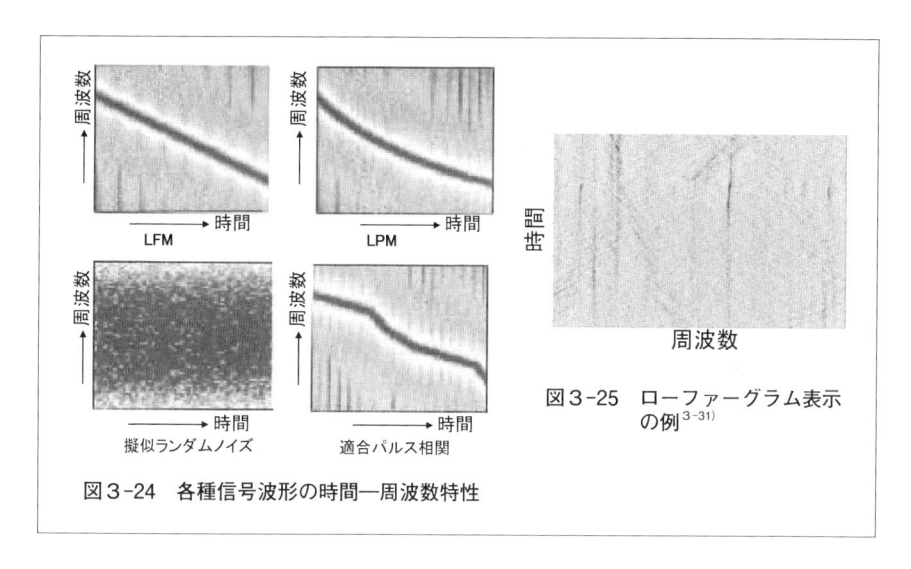

図3-24　各種信号波形の時間―周波数特性

図3-25　ローファーグラム表示の例[3-31]

て表示処理の概要を説明する。

（1）パッシブソーナーの表示処理

　パッシブソーナーにおいては、狭帯域周波数分析した結果に対し、横軸に周波数、縦軸に時間経過をとって信号強度を濃淡表示したローファーグラム（Low Frequency Analysis and Record）と呼ばれる記録・表示形式が、目標信号判別の有効な手段として用いられる。ローファーグラム表示画面の例を**図3-25**に示す。オペレータはその履歴を見て、目による積分効果により、周波数が時間的に変動している信号であっても認識することができる。この目による積分効果は、信号処理による機械的な積分と同等の効果である。

　また特定の線スペクトルの加算出力または広帯域加算出力に対し、横軸に方位、縦軸に時間経過をとって信号強度を濃淡で表わすBTR（Bearing Time Recorder）と呼ばれる記録・表示形式が用いられ、探知した目標の保続追尾に利用されている。BTR表示画面の例を**図3-26**に示す。オペレータは、BTR表示により目標方位の時間変化から目標の変針や変速の状態を把握することができる。

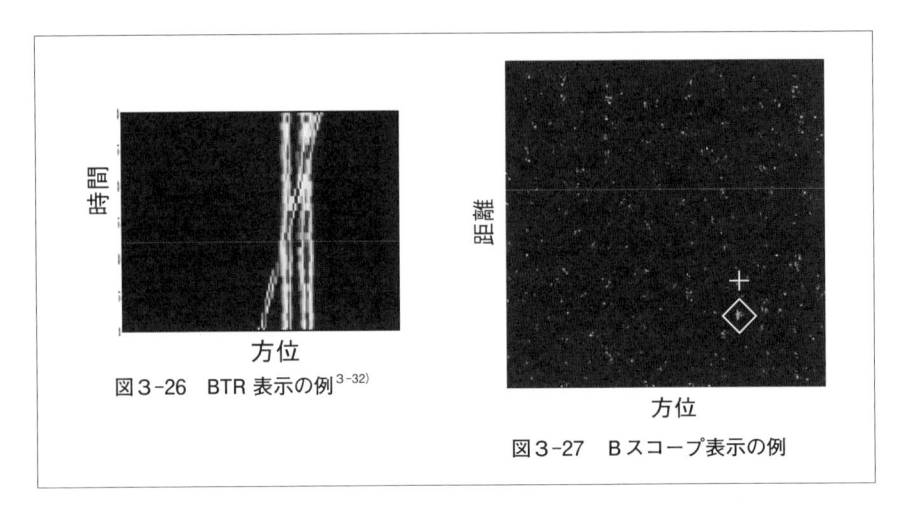

図3-26　BTR 表示の例[3-32)

図3-27　Ｂスコープ表示の例

　また自動化処理として、目標信号を閾値設定等により自動検出し、その方位変化特性や信号特性の時間変動等が類似するもの同士を束ねた統合処理結果がオペレータ支援として表示される。

（2）アクティブソーナーの表示処理

　アクティブソーナーの表示画面では、横軸に方位、縦軸に距離をとって受信信号を輝度変調して映像表示するＢスコープが主に用いられる。**図3-27**に Ｂスコープの表示例を示す。Ｂスコープ以外に、目標の運動によって生じるドップラー周波数偏移から相対速度を算出して表示するTDI（Target Doppler Indicator）および表示の指定部分を拡大して目標の相対アスペクト画面等を表示するSSI（Sector Scan Indicator)が同時表示され、残響や雑音と区別している。

　アクティブソーナーでは送信直後の残響レベルが高く、特に遠距離捜索を行う大出力ソーナーでは残響から水中雑音までのダイナミックレンジが非常に広くなり、通常、ディスプレイのダイナミックレンジに対応させるためにレベル圧縮する必要がある。一般的に、ソーナーではAGC（Automatic Gain Control）処理が指向性合成および検波積分の出力信号に対して施され、背景の残響および雑音レベルを均一化する。

　アクティブソーナーでは、15km先の目標に対し、一回の探信20秒程度要し、この20秒間の受信信号で一つの画面を作ることになる。従来、これを実現するために特殊な長残光性の蛍光体のディスプレイが用いられてきたが、最近では、大容量の記憶素子により1画面分の画像信号を記憶し、それをTV方式等により読みだして常時表示するという方式が採用されている。

2.5　情報処理[3-22), 3-23), 3-28)]

　ソーナー情報から、それが目標かどうか、または目標の種類等を判定する目標類別、その自動化処理、複数センサから得られた情報を統合する情報統合処理について説明する。

（1）パッシブソーナー目標類別処理
　図3-28にパッシブソーナーの目標類別方式の概要を示す。パッシブソーナーの受信信号に含まれる情報には、目標のプロペラ雑音、機械雑音等から得られる固有のスペクトル分布と、プロペラのキャビテーション雑音から得られる固有の広帯域雑音の周波数分布とがある。目標類別のための処理としてはFFT等による周波数分析処理が主体であり、類別要素としては、連続して検出された線スペクトルの周波数、スペクトルラインの幅、ラインの周波数揺らぎ等から求められる基本周波数および広帯域雑音の周波数分布特性等がある。これらの情報は、ディスプレイ表示あるいは聴音情報として、オペレータの感覚やデータベースとの照合による類別に用いられる。

（2）アクティブソーナー目標類別処理
　図3-29にアクティブソーナーの目標類別方式の概要を示す。アクティブソーナーの受信信号に含まれる情報には目標の形状・構造と動きの二つがあるが、ここでは形状・構造について説明する。類別処理としては距離および方位方向の分解能を高めて形状を認識する方法と、残響を発生する海面あるいは海

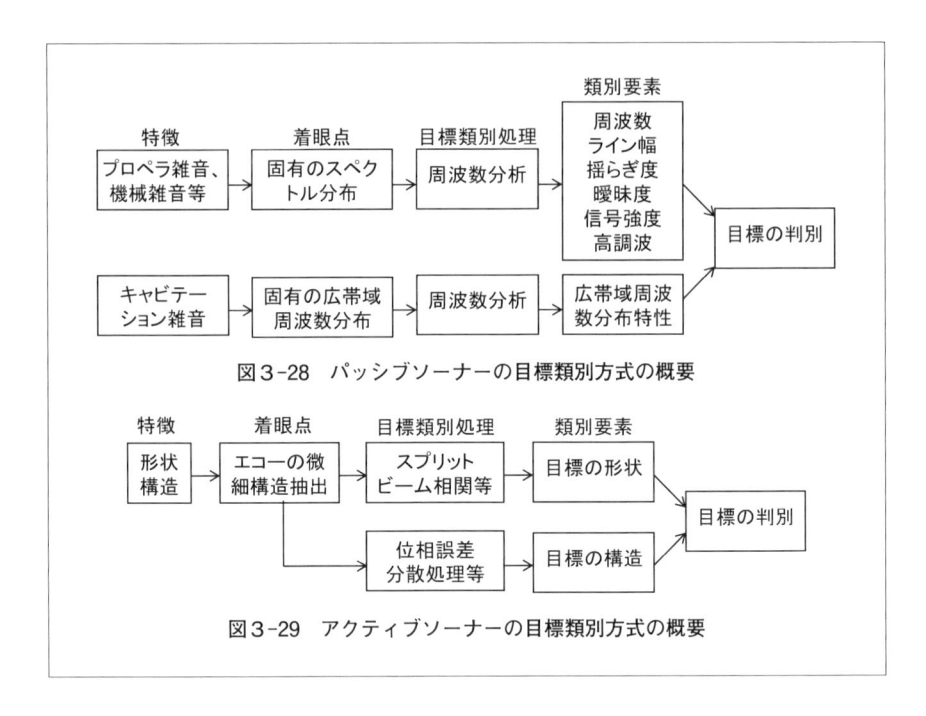

図3-28　パッシブソーナーの目標類別方式の概要

図3-29　アクティブソーナーの目標類別方式の概要

底等の散乱体と目標艦構造との反射特性の違いに着目する方法とがあり、前者としてスプリットビーム相関処理、後者として位相誤差分散処理が代表として挙げられる。スプリットビーム相関処理は、同じ方向に左右二つの同一受信ビームを形成し、両者の受信信号の相関処理等を行うことにより、距離および方位特性の分解能を高める処理である。この処理の応用が位相誤差分散処理であり、目標エコーのようなある構造物から反射するエコーは残響等と比べて位相のバラツキが小さいことに着目して、このバラツキを定量化し目標判別に用いる。

（3）自動化処理

　従来の目標類別は、前述のような類別要素からソーナーオペレータが判断していた。しかし、ソーナーの能力向上に伴い、ソーナーから出力される情報は膨大になっており、これらの情報をすべてオペレータが扱うのは困難になってきているため、最近ではソーナーオペレータ支援として、類別要素をカタログ

化してソーナーオペレータの知識ベースと照合させたり、類別要素をパターン化してパターンマッチングを行うことにより、自動的に目標かどうかを判別する類別技術が進められている。自動類別にはニューラルネットワーク、エキスパートシステム、統計的推論法等の人工知能（AI: Artificial Intelligence）技術が用いられているが、それぞれの手法には特徴があるため、いくつかの手法を組み合わせて構成する場合が多い。

（4）情報統合処理

　今後のソーナーシステムの動向としてセンサの分布ネットワークシステム化技術がある。その例として、送信と受信を同一地点で行うモノスタティックソーナーに代わり、送信点と受信点を別にするバイスタティックソーナー、さらには多数の地点で同時に目標のエコーを受信し、それらの探知情報を統合処理するマルチスタティックソーナーが挙げられる（**図3-30**）。情報統合処理は、バイ・マルチスタティックソーナーで異なる場所から観測した目標情報を、位置情報とセンサ誤差等から位置局限や目標運動解析を行う技術、異なるセンサ情

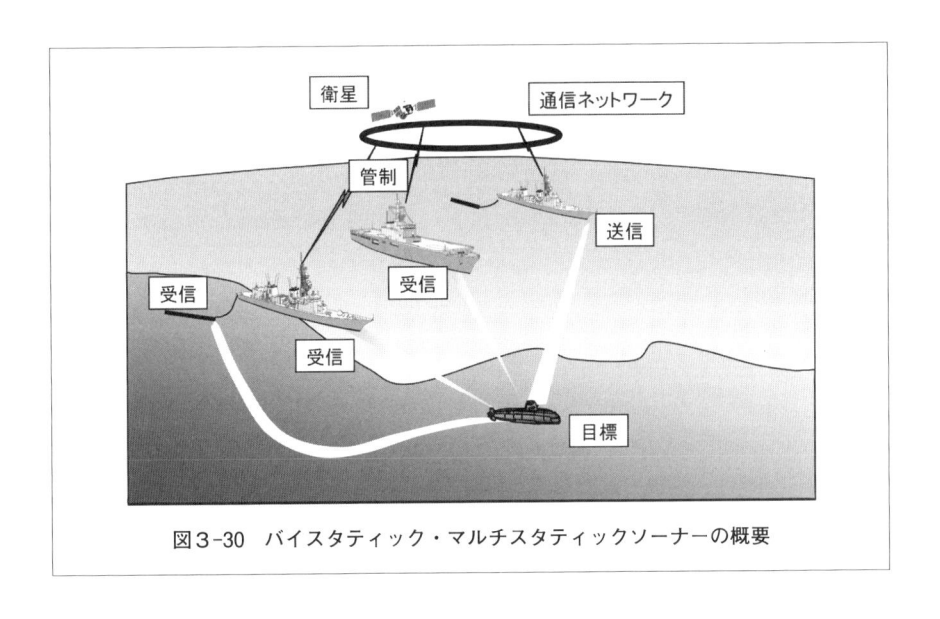

図3-30　バイスタティック・マルチスタティックソーナーの概要

報から信号情報、目標存在圏情報を利用し、同一目標か否かを判別し自動で統合する処理である。単一ソーナーからの情報だけでなく、複数の異なる種類のソーナーからの情報を用いることで類別確度の向上が期待できる。通信ネットワーク形式を含め、データ量に対して効果が最大となる効率的な情報の選択や、限られたネットワークに情報をのせるためのソーナー情報圧縮技術、データマイニング等近年のインターネット検索技術やデータ処理技術のソーナーへの応用技術等の開発が見込まれる。

　対潜戦で用いられるソーナーの処理技術を中心として紹介した。潜水艦の静粛化・ステルス化が進み、また対潜戦が深深度海域から、音響環境がより複雑な浅海域まで広がる中で、目標潜水艦を探知するためのソーナー能力向上がますます必要になってきている。ソーナーはレーダに比べて使用する信号周波数が低いため、デジタル信号処理の適用が容易というメリットがある。デジタル信号処理は、電子技術の発達に伴うプロセッサの演算速度の高速化により、多様な信号処理アルゴリズムを実現できる環境にあり、ソーナー処理技術の進展が今後、より一層見込まれるであろう。また対潜戦をより有利にするため、複数センサを用いたソーナーシステムにおける処理技術の注目度が今後さらに高まっていくものと考えられる。

3. 機雷用探知技術

　機雷はその性能や特性について秘匿度が高く、平時にはさほど話題にあがらない兵器である。

　機雷とは、「機械水雷」の略称である。基本的には敷設後は完全自動機械として独立して作動することから動作の信頼性が高いものであることが必須である。また広い海域をカバーするためには絶対数が必要となることから、必然的に低単価が求められる。危害を与える対象の価格に対して十分に低価格であることも必要であり、性能や機能と価格のバランスが重要となる。従って、安価で高信頼性、高性能という条件を満たす機雷を構築する技術は非常に高度なものが求められる。

　機雷の果たす役割は、目標艦船の破壊という積極的攻撃に加えて、その存在により船舶等の航行を制限し、特定の海域を封鎖することが目的の一つとして重要である。それ故に機雷の敷設箇所は秘匿すべき情報である一方、爆発によって敷設位置が露見する状況も相手に対する心理的な抑止効果をもたらすという複雑な性質の兵器である。

　ここでは機雷を「水中に在り、対象に接触またはセンサで検知し爆発する水中武器」と定義し、機雷を構成するために必要なさまざまな技術のうち、特に機雷用探知技術に関する内容について記す。

3.1　機雷の種類

　機雷と一口にいっても、その使用目的によりいくつかの種類がある。また敷設海域の水深によってもそれぞれ向き不向きがある。

　機雷は目標検知方式に触発式と感応式があり、また敷設形態によって主として浮遊、沈底、係維および短係止がある。**図3-31**に機雷の形態と敷設深度との関係を示す。係維機雷の係維索が切れて浮流機雷（※浮遊機雷とは称しない）

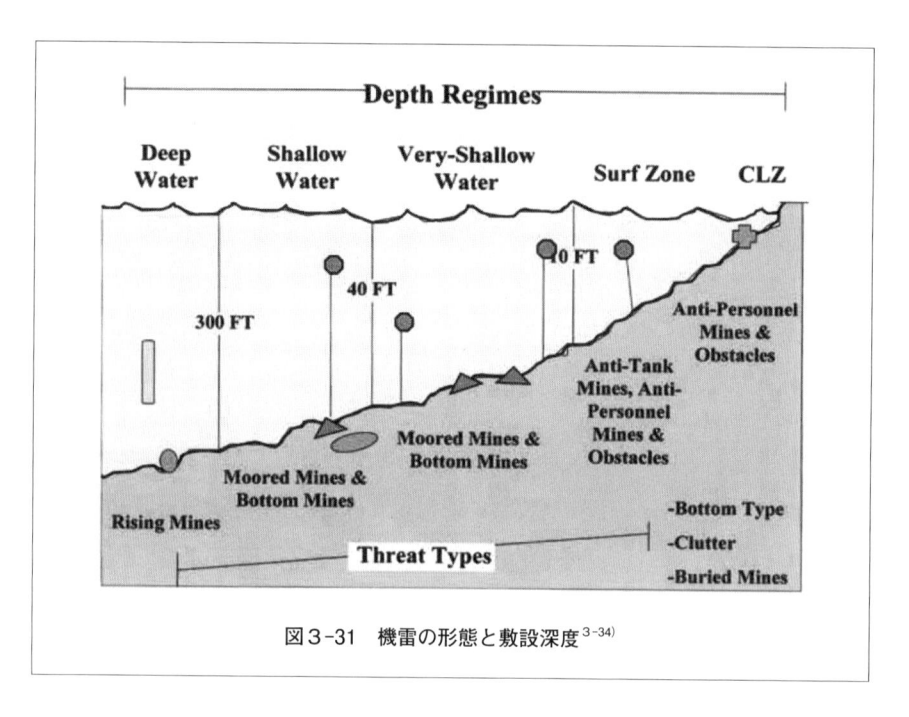

図3-31　機雷の形態と敷設深度[3-34]

となってしまう場合もあるものの、海中に漂う浮遊機雷については1907年に制定されたハーグ協定で敷設を禁止している[3-33]。機雷の分類はいくつもの切り口から可能であるが、ここでは形態を切り口にして、以下にわが国では保有していない浮遊機雷を除く他の形態の特徴について簡潔に述べる。

（1）沈底機雷

　海底に沈んだ状態で待機可能な機雷。現代では直接的な接触によるものよりも、音響、磁気などの各種センサによって目標の存在を検知し、起爆する感応式のものが主流である。主として浅海域で用いられる。比較的炸薬の搭載量は多いことから、敷設時に海底堆積物の状態によって埋没しやすく、それ故に音響による被探知がされにくくなる場合もある。機雷側にとっては都合がよいが、掃海作業は困難となる。

（2）係維機雷

　ある程度深い海域では、海底に敷設される沈底機雷では検知能力の限界から目標物体の検知、起爆が困難となる。

　海底に設置した錘から係維索によって任意の深度に滞留することで、目標物体の存在する深度で効果を発揮できるようにしたものが係維機雷である。本体を海中に浮かせる必要があるため炸薬の搭載量は沈底機雷に比べて少なくなる。アメリカの発明家ロバート・フルトンにより考案された機雷は最初の係維式触角機雷といわれており、係維機雷は機雷の発明当初からある形態といえる。

（3）短係止機雷

　係維機雷と同様に海底から係留されている形態だが、係留索の短いものをいう。その中でも搭載センサが目標を検知し、攻撃判断の後に本体が射出され浮上しながらセンサでとらえた目標に向かっていき、適切な条件のもとで起爆するものは上昇機雷と呼称される。

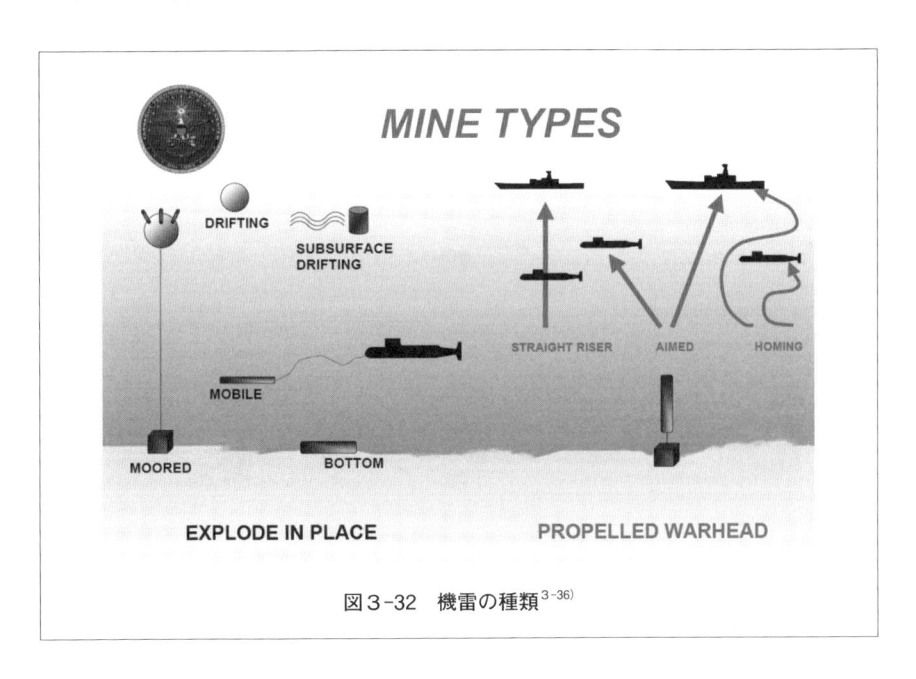

図3-32　機雷の種類[3-36)]

　他国には発射体として魚雷を搭載し、目標探知後にホーミング攻撃をするキャプター機雷もある。キャプター（CAPTOR）とはカプセル収納された魚雷（Capsule Torpedo）を意味する。

　以上に述べた分類の仕方は一例であり、例えば上昇機雷でも上昇に浮力を利用するもの、ロケット推進によるものなどのバリエーションがある。図3-32は機雷の種類とその機能を図示したものである。

3.2　機雷の敷設

　機雷を海中に敷設するためのプラットホームとして、艦船（水上艦、潜水艦）または航空機が用いられる。

　航空機を利用する場合は、短時間で広範囲に敷設可能であるが、航空機の搭載量に制限があること、また敷設作業自体は公になってしまうことなどの欠点がある。敷設に水上艦を用いる場合には、航空機に比べて搭載量が増やせる一方で、敷設海域が広い場合には作業に長時間が必要となる。また航空機と同様、敷設作業の隠密性は低い。潜水艦を利用する場合には、敷設作業自体は海中故に隠密に実行可能であるが、搭載量の制限、広域への敷設は困難である。

　各プラットホームのもつ利点欠点を考慮しつつ、状況や目的に合わせた敷設方法を選択することが必要である。

3.3　機雷用センサ

　機雷が目標を検知する方式として大きく分けて触発式と感応式がある。

　触発式は、機雷から突き出たとげ状の触角に接触することで目標を検知し起爆する。接触できるほどの距離に目標があるということは、起爆時の対象への危害が確実である一方、かなり接近しなければ起爆し、ダメージを与えることができない。

　感応式の機雷（以下「感応機雷」という）では、水中で艦船が発している計

測可能な物理量を利用するために各種センサを用いる。センサの性能および検知対象とする物理量の水中伝搬特性によるが、触発式に比べれば遙かに遠方から目標をとらえることが可能である。

　水中での伝搬特性が比較的良好な物理量である音響、磁気、UEP（Underwater Electric Potential：水中電界）、水圧変化などから目標艦船の存在を検出する。磁気、UEPおよび水圧変化については、海中に十分な大きさの金属物体がある場合に発生するものであるため、これらの物理量が観測された場合に目標とする艦船が存在する可能性が高いことから利用されている。

　また目標艦船は何らかの音響ノイズを水中に放射していることから、感応機雷では音響を目標検知に利用している。磁気、UEPおよび水圧変化に比べて音響は格段に伝搬特性がよいことから水中で物体を検知するために利用する物理量として最も一般的に用いられるが、伝搬が良好であるが故に、機雷にとって遠方と近傍の目標音を区別するための工夫が必要となる。また海中はさまざまな音に満ちているため、音響レベルのみで目標検知の判断をしようとすると誤検知が増える可能性が高い。センサから得られる音響情報を精査し、確実に起爆するためには信号処理が複雑化せざるを得ない。判断に人を介さない自動機械にとって敷設前の設定が重要となる。

　一方、電波、光などの電磁波を目標検知に利用する場合、目標艦船はこれらの物理量を水中に放射していないため、機雷から放射する電磁波の反射信号を検知するアクティブ方式を採用しなければならない。しかし、電磁波は海水による吸収減衰が音に比較して大きいため、感応機雷用のセンサとしては距離を稼ぐことが難しいこと、アクティブ方式はエネルギーを放射する必要性から消費電力も増加し、機雷の待機期間の短縮化につながるなどの問題があり、感応機雷に電磁波を用いることは得策ではない。

　一つの機雷が爆発して危害を与えることができる範囲内に目標が存在する状況でなければ起爆は無駄になる。初期の感応機雷は磁気や音響の検出値が設定閾値を超えることで起爆する方式であったが、この方式の機雷では大きな磁気ノイズや音響ノイズを発する船舶が危害範囲外を通過した場合であっても無駄

な起爆が生じることとなる。従って、機雷に搭載されるセンサについては感度がよければいいというわけではなく、センサ情報から目標物体が危害範囲内にあることを確認できることが重要であり、感応機雷の性能の向上には検知器により検出した信号から目標物体の接近を判断して起爆判定を行う起爆論理の構築が重要である。

近年では、磁気、音響のみならずUEPや水圧変化などのさまざまな物理量を組み合わせて艦船の接近を確定し、目標物体が危害範囲にあるかないかを判断して起爆する複合的な起爆論理が発展している。起爆論理を複合的にすることにより、目標が危害範囲外に存在する状況での誤爆や、掃海具等による誤爆などを極力減らすことが可能となり、機雷のコストパフォーマンスの向上に寄与するものである。

以上述べたように機雷の起爆方式はその機雷の要といえるものであり、相手方に方式が知られれば、相手方はそれに対処するための掃海方式を開発するため、各国とも秘匿度が高く詳細については不明である。

機雷は、海上・海中からの艦艇の進行を抑制可能であることから、海に囲まれた国土の防衛には有効な兵器である。ハードウェアとしての性能はもちろんであるが、その使い方により制海権を掌握することもできる機雷は大きな可能性を有する兵器である。

また少数の高性能な機雷の使用に加え、多数のダミー機雷を同時に使用することが低コストで大きな効果をもたらす場合もある。貧弱な持ち札とはったりで勝負するポーカーゲームのような戦術であるが、このはったりを成立させるためには、性能の高いものを保有していることを誇示することが必要となる。そうすることで、海中から忍び寄る見えない脅威に対しても圧倒的な優位をもって対処可能となる。

一方、その処分の困難さにも課題がある。一説には、機雷の敷設にかかるコストは除去にかかるコストの0.5〜10％程度と算出されている[3-35]。機雷の除去を強いられる側は機雷を敷設する側の最大200倍のコストが必要となるわけで

ある。コスト面からみた場合、機雷を敷設された時点で敷設された側はすでに
負けているのかもしれない。

　除去に係るコストについては、自ら敷設したものに対してもほぼ同様のコス
トがかかることから、除去までを考慮して機雷を設計することが望ましい。管
制機雷は、敷設後に活性、不活性を制御可能とする仕組みを内蔵したものであ
り、古くは有線式、今日では音響信号や磁気信号などを用いた無線式がある。
有線式の場合には、制御を行うための基地が必要であることから敷設位置に制
限が生じる。無線式の場合、敷設位置の制限は緩和されるが、敷設後に制御信
号の送信などにより活性状態を制御できることは、便利である一方、敷設場所
の秘匿度の低下は否めない。機雷のライフサイクルを考えた場合、不要になっ
た後の処分が簡便であることも今後の機雷には必要な要素であろう。

　今後、機雷開発への新たな技術の投入を考えた場合、水中で機雷が目標探知
に利用可能な物理量の種類はほぼ出尽くしており、新しいセンサの導入に係る
技術よりも、従来のセンサ信号に係る技術の向上に対して新しい技術の導入の
余地が残されている。すなわち、センサ性能の向上よりも信号処理および情報
処理性能の改善により「見つからない」（防探性の向上）、「だまされない」（妨
掃性の向上、高度の起爆論理の構築）機雷の機能性能の向上が見込まれる。ま
た古くなった機雷に対して高性能化したセンサ等を付加的に装備することで、

最小限のコストで性能の
向上を成し遂げる例もあ
る。図3-33はロシアに
おける機雷の改修キット
に関する紹介である。

　将来は、相手側の掃海・
掃討を不可能としつつ、
味方側からは自由な制御
が可能な機雷の登場が待
たれるであろう。

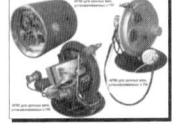

APM UPGRADE KIT

- **FOR BOTTOM INFLUENCE MINES**
  - MAGNETIC, ACOUSTIC, PRESSURE
- **UP TO TWO YEAR IN-WATER LIFE**
- **MAX CASE DEPTH 150 m**
- **UPGRADES OLDER MINES**
- **ENHANCED CAPABILITY**
- **ADVERTISED FOR EXPORT**
- **THREE VERSIONS**
  - SHIP LAID, SUB-LAID, AIR-LAID

RUSSIAN APM
UPGRADE KIT

図3-33　改修キット [3-36]

４．魚雷用探知技術

　魚雷というものを思い描こうとしたとき、例えば海中深くで潜水艦と潜水艦が戦う場面があるかもしれない。音響信号を頼りにお互い相手の様子を窺う。敵の音響員がこちらの音響信号を探知し、敵艦から魚雷が発射され一直線に向かってくる。こちらでは敵艦の魚雷の発射音を探知。魚雷が近づいてくる航走音が伝わってくる。命中かと思った瞬間、船体すれすれを掠めて魚雷は逸れていく・・・。この場面では魚雷用探知技術の存在は分からない。広義の意味では敵艦が魚雷を発射するためにこちらを探知することは魚雷用探知技術といえるかもしれないが、これは、潜水艦用探知技術による情報を魚雷のために利用した、というのが一般的であろう。それでは航空機と航空機との戦闘はどうだろう。敵機から発射されたミサイルが追尾してくる。航空機が旋回するとミサイルも追随して旋回する。航空機はチャフやフレアを射出して敵ミサイルの探知を妨害しながら回避運動をとる。実は海中でもこれと同様のことが行われる。超音速ではなく、自動車並みのスピードという違いはあるものの、魚雷は目標の信号を捉えて追いかけるし、旋回したりもする。魚雷に追尾される艦艇は妨害装置を射出する等して回避運動をとる。ここで魚雷が目標を捉える手段として魚雷用探知技術が登場する。

　目標を探知し、さまざまな運動をする魚雷のイメージが薄い理由は、そもそも絵になるかならないかは別として、目標を探知、追尾するホーミング魚雷の出現が第二次世界大戦中であり歴史が浅いことや、水中に没した魚雷は目で見ることができず魚雷の運動が視覚として捉えられないこと等が考えられるが、一番の理由はその秘匿性の高さではないだろうか。魚雷は水中で敵を攻撃する数少ない武器であり、魚雷のもつ探知能力等を知られて防御策を講じられてしまうと水中に関しては丸腰といっても過言ではない。このため、魚雷の探知等に関する情報が表に出てくることはあまりない。

4.1　魚雷の歴史[3-37)〜3-41)]

　舟に爆薬や機雷を搭載あるいはえい航する等により船舶を攻撃した形態が魚雷の始まりという考え方もあるようだが、水中を自走して船舶を攻撃する専用の兵器としての魚雷は19世紀後半オーストリア海軍のルピスとイギリス人ホワイトヘッドによるものが最初とされている。日本では19世紀末から20世紀初めにかけシュワルツコフ社およびホワイトヘッド社の魚雷を導入し、日清戦争、日露戦争を経て国内開発が本格化した。当初は圧縮空気のみを駆動源とし航走距離も数百mと短かった魚雷も、空気に熱を加える熱走魚雷の登場等で航走性能を向上させていった。魚雷の性能向上の方向は航走距離の延伸、速度の向上であり、日本においても熱走魚雷技術を導入し、航走距離数千m、速度40kt以上の九一式魚雷を開発し、真珠湾攻撃等で使用した。さらに日本は酸化剤として空気の替わりに酸素を使用する酸素魚雷の開発に成功し、九三式魚雷は航走距離数十kmの能力を有した。

　第二次世界大戦までの魚雷は水上艦船をターゲットとした直進魚雷であり魚雷用探知技術は存在しなかった。魚雷用探知技術は第二次世界大戦で、ドイツがホーミング魚雷を使用したことから始まる。航走距離の延伸、速度の向上を目指していた他国に対し、ドイツは航走性能的には不利となる電池魚雷を実用化する等独自の開発路線をとった。第二次世界大戦では電池魚雷の先端に磁歪式受波器を載せた初めてのパッシブホーミング魚雷TⅣおよび改良型のTⅤ（図3-34）を開発し、使用した。これは左右2本のビームで目標の放射音を探知し、音の大きい方へ針路を修正するというホーミング方式

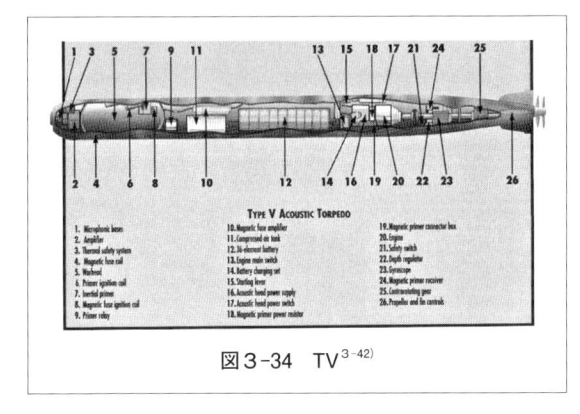

図3-34　TⅤ[3-42)]

図3-35　MK24[3-43]

図3-36　ASROC[3-44]

であった。これに対して連合国軍はえい航式デコイで対抗した。魚雷対抗手段TCM（Torpedo Counter Measures）の始まりである。ホーミング魚雷がデコイの妨害を受けるようになったドイツは魚雷対抗手段に対する対抗手段TCCM（Torpedo Counter Counter Measures）機能をもたせたT11を開発した。こうして今日まで続くTCMとTCCMの能力向上競争が始まった。

　さて、一方アメリカもドイツのパッシブホーミング魚雷の情報を得てMk24（図3-35）を開発した。ただし、ドイツのTVが水上艦船をターゲットとしていたのに対し、Mk24は潜水艦攻撃を目的とした魚雷であった。水上艦船攻撃用の武器として始まった魚雷は今日では対潜水艦能力の重要度が高まってきているが、その始まりがMk24といえる。アメリカはアクティブホーミング魚雷の開発も進め、第二次世界大戦後、Mk32を完成させた。この時点で、航空機から投下することができ、深度方向も含めた3次元ホーミングにより潜水艦を探知するという対潜水艦魚雷の今日の形ができあがった。

　第二次世界大戦後の魚雷は対水上艦船については対艦ミサイルに取って替わられる形で役割を縮小する一方、原子力潜水艦の出現等、潜水艦の存在感が増すのに比例して潜水艦攻撃武器としての役割を増していった。潜水艦探知用ソーナーの能力向上が図られ、探知距離が延伸するのに伴い、より短時間で遠方まで魚雷を移動させる必要が生じた。このための手段としてアメリカではロケットを用いて魚雷を遠方海面に投下する方法が考えられ、RAT（Rocket

Assisted Torpedo）の研究を経てASROC（Anti-Submarine ROCket）（図3-36）が開発された。航空機やASROCで運搬して潜水艦を攻撃するための小型軽量な魚雷の開発が進む一方、従来の魚雷の流れを踏襲する形で長射程の魚雷も進化を続けた。探知技術に関しては、冷戦時代は探知距離の延伸、冷戦後は局地戦に対応するための沿岸地域等の浅海域運用への対応等といった進歩がなされてきた。

4.2　魚雷用探知技術の特徴

　魚雷は短魚雷（Lightweight torpedo）と長魚雷（Heavyweight torpedo）とに大別できる。短魚雷は潜水艦攻撃を目的とし、水上発射管、ASROCおよび航空機から発射する。長魚雷は潜水艦から発射し、水上艦船および潜水艦を攻撃する（図3-37）。有線誘導で母艦から誘導される時以外は自律誘導となり、魚雷自身で目標を探知する必要がある。

　水中武器である魚雷にとっての探知手段は主に音波である。水中で音波を用いる兵器として代表的なものに潜水艦探知用ソーナーがあるが、魚雷の目標探知も基本的には潜水艦探知用ソーナーと同じであり、実際、音響ホーミング魚雷は雷体にソーナーが載ったもので

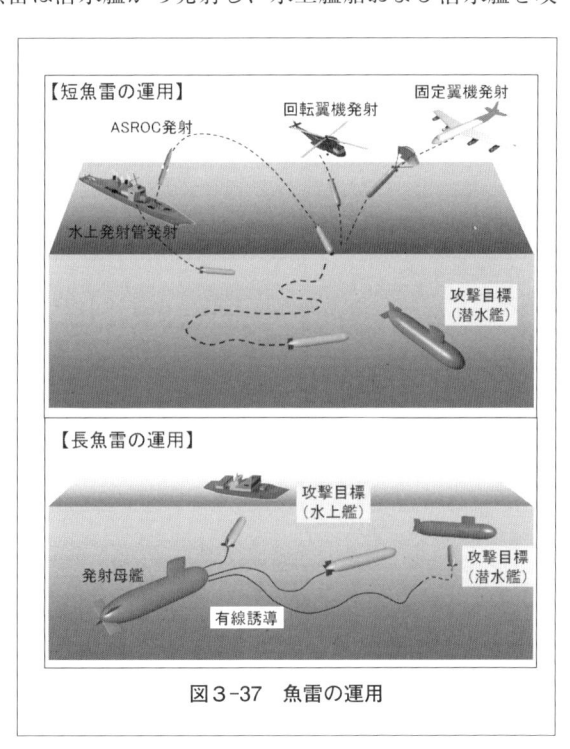

図3-37　魚雷の運用

図3-39　魚雷の先端部（Mk54）[3-46], [3-47]

図3-38　艦艇搭載型ソーナー
（USS Port Royal（CG-73））[3-45]

ある。ただし、送受波器を多数並べて長大な音響アレイを構成できる艦艇搭載型ソーナー（**図3-38**）と比較して、魚雷用音響センサは配置スペースの制約等を受ける。送受波器は直径数十cmの魚雷先端部に配置され（**図3-39**）、信号処理を行うプロセッサ等も動力装置や炸薬等と一緒に長さ数mの円筒に収まるものでなくてはならない。当然艦艇搭載型ソーナーと魚雷とでは探知能力にも大きな開きがあり、魚雷用探知の目的も隠れている目標を探し出すというよりは炸薬を目標まで誘導するための情報を得るということになる。

（1）探索運動[3-48]

　ソーナーで目標を探知する場合、艦艇搭載型ソーナーは長大なアレイとすることで探知距離を伸ばし、航空機によるソノブイ探索ではソノブイの敷設数を増やすことにより探索範囲を拡大する。これに対し、魚雷は自ら運動することによって広い範囲を探索する。もともと炸薬を運搬するためのものだった魚雷の運動能力が探知にも活用され、魚雷用探知の特徴となっているわけである。仮に魚雷が探索運動を行えなかったとしたら、その貧弱な音響探知能力では目標探知はほぼ不可能であろう。

　魚雷は母機母艦ソーナーの探知情報等をもとに発射されるが、目標は移動している上、魚雷投下位置の誤差があるため無誘導で命中させるのは容易ではない。このため、第二次世界大戦までの直進魚雷では複数の魚雷を扇状に発射す

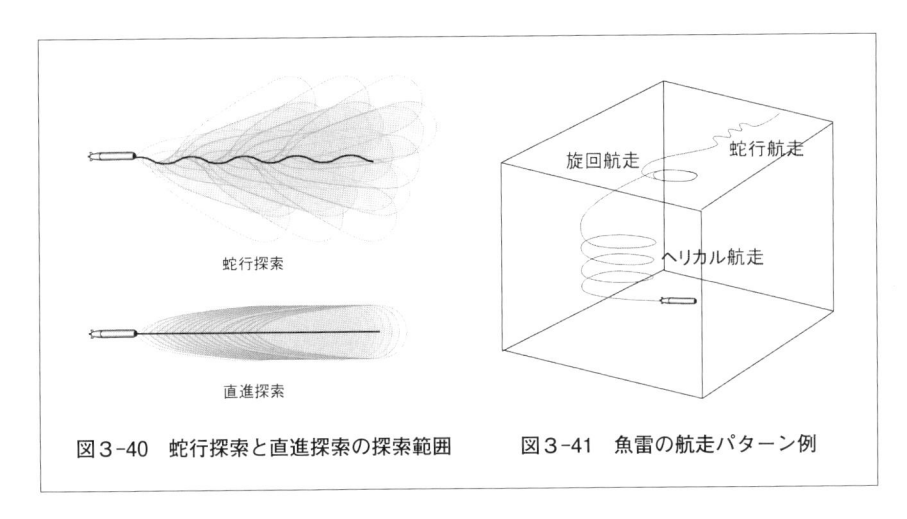

図3-40　蛇行探索と直進探索の探索範囲　　図3-41　魚雷の航走パターン例

る等の方法でこれを補っていた。ホーミング魚雷では目標位置に向かいながら魚雷自身が探索を行うことによって命中確度を上げることになるが、このとき魚雷は目標地点まで単純にまっすぐ進むとは限らない。例えば、アメリカの代表的な短魚雷で日本をはじめNATO諸国にも広く配備されているMK46等で採用されている蛇行探索は、直進ではなく蛇行しながら探索する航走パターンである。これにより音響探知能力の制限を運動でカバーする形で広い角度範囲を探索することが可能となる（**図3-40**）。

　また航空機やASROCによる発射では魚雷を目標位置に投下しようとしても、母機母艦の目標位置局限誤差や投下位置誤差のため、目標の直上に投下できるわけではない。投下された魚雷は目標とどのような位置関係にあるかすら分からない。このため、投下された魚雷は旋回航走を行うことにより全方位を探索する。さらに潜水艦を目標とする場合は、深度方向についても探索する必要があるため、深度を変化させながら旋回航走をするヘリカル探索等も早い時期から採用されていた。どのような探索パターンを用いるかは、発射方法の他、魚雷搭載音響センサの特性や魚雷の運動特性、目標とする艦船の種類等により決定することとなる（**図3-41**）。

（2）自律誘導

　魚雷用探知技術のもう一つの特徴は、探知情報等をもとに自律的な判断を行うことである。艦艇搭載型ソーナー等にも自動類識別機能をもったものがあるが、これはオペレータを支援する機能であって、最終的な判断は人が行う。これに対して魚雷は有線誘導魚雷が母艦の誘導を受ける以外は、得られた情報から自ら状況を判断して、探索方法を選択し、探知信号を類別して、最終的には目標艦船に打撃を与える必要がある。

　アクティブ探索で得られる情報を考えると、目標艦船以外に海中のさまざまな散乱体からエコーが戻ってくる。これをエコーレベルで類別しようとすると、探知距離による目標艦船のエコーレベルを想定して、それより小さなエコーは目標艦船ではないとして無視し、閾値を超えたエコーが得られた場合のみ目標艦船と判断する等の処理を魚雷自身で実施しなければならない（図3-42）。

　一見単純な処理をすれば良いようにみえるが、さまざまな散乱体が存在する等、海中での音波の振る舞いは複雑なため、目標艦船からのエコーのみがきれいに戻ってきてくれるわけではない。探知において最も好ましくないケースは目標エコーが検出できないケースだが、その他にも大きなエコーが二つ戻ってくるケース等も想定される。この場合エコーレベル情報のみを使用して、よりレベルの高い方を目標艦船と類別するというアルゴリズムも考えられるが、他の情報を加えて類別の確度を上げることも可能である。例えば魚雷が航走しながら連続的に探信している場面で、それぞれの探信に二つの探知が挙がった場合、複数回の探信にわたって安定して探知の挙がっているものを目標艦船と判断する等である（図3-43）。

　ここで、目標としている艦船が移動していて探信毎にエコー位置が変わってしまう場合も同一目標からのエコーだと判断したい。基本的な考え方は、探知位置に対して探信間隔や推定目標速度等から次の探信時に目標が移動する範囲を予想し、その範囲で挙がった探知を同一目標からのエコーと判断するというものである（図3-44）。

　先に述べたように、魚雷は探索のための運動を行うことができる。このため、

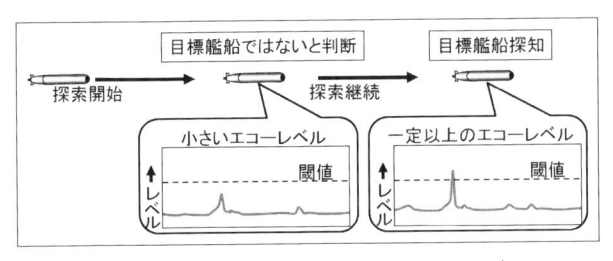

図3-42　エコーレベルによる類別イメージ

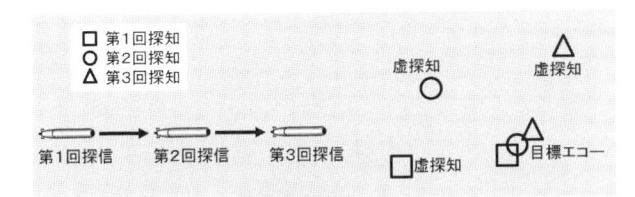

図3-43　複数探信情報によるエコー判定例

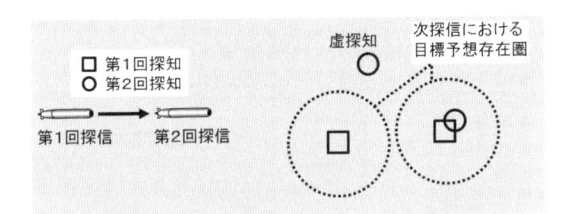

図3-44　移動目標に対するエコー判定例

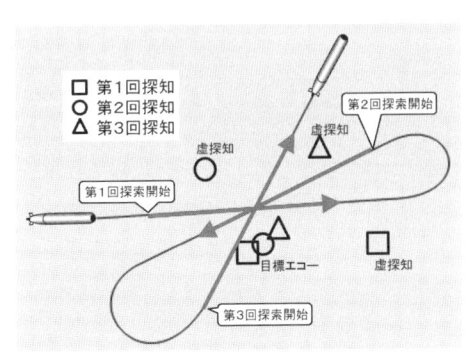

図3-45　同一地点を複数回探索する場合のエコー判定例

魚雷の速度や探信間隔等の関係で一航過で複数探信できない場合でも、同じ場所を複数回探索するという探知アルゴリズムも可能となる（**図3-45**）。この場合も複数回安定して探知の挙がったものを目標艦船と判断する。通常、目標艦船は移動しているため、同一地点を何度も探索することは有効とはいえないが、目標艦船が航走音やドップラーによる探知を避けたい等の理由で静止もしくは低速移動している場合にはこのようなパターンも検討する必要が出てくる。

実際の自律誘導アルゴリズムはもちろんこのような単純なものではなく、各国がそれぞれ独自の技術を投入した高度なものとなっていると思われるが、音響と運動が連携して自律誘導を行うことは共通した魚雷の一つの特徴といえる。

ところで、自律誘導の能力の向上を検討する場合、自律誘導アルゴリズムを精緻化する等のアプローチに固執する必要はない。例えば、自律誘導の精度を上げる考え方の一つは、自律的に考える範囲を少しでも狭めてやることであり、そういう意味で最も望ましい形は起爆まで有線誘導することかもしれない。有線誘導のないファイア・アンド・フォーゲット方式の魚雷についても、母機母艦の目標位置局限精度や投射位置精度を高めて探索範囲を狭める、発射前に目標情報や海洋環境情報を与えて選択肢を狭める等により自律誘導の精度を高めることができる。

4.3　各種魚雷用探知方式

魚雷用探知技術は基本的には目標艦船の放射音を探知するパッシブ探知と、探信音を送信して目標エコーを探知するアクティブ探知であるが、ここではいくつかの特徴的な方式について記述する。

（1）TCCM

魚雷攻撃に対して目標とされた艦船は対抗手段（TCM）を講じる（**図3-46**）。音響ホーミング魚雷に対する対抗手段としては現在のところ音響的に魚雷の探知を妨害するソフトキルが主流である。代表的なソフトキルとしては妨

害音を発生するジャマー、欺まん音を発生するデコイがある。運用形態としては、艦船でえい航する方式や射出する方式があるが、射出式の中には一定の場所に留まる静止式や音を発生させながら移動する自走式がある。自走式のデコイを射出された場合、魚雷はデコイを目標艦船だと判断して追尾してしまう。その間に目標艦船は別の方向に逃げることができる。デコイに対して起爆してしまった時点で魚雷としては目的を達成できなかったことになるが、たとえ途中でデコイを見破った場合でも再探索を開始した時点で目標艦船が探知可能エリアを離れていたり、必要な航続時間が残っていなかった場合は、その魚雷は目的を達成することはできない。

　魚雷としてはTCMに対する対抗手段（TCCM）を講じて早い時点でTCMの影響を排除して、目標艦船を攻撃する必要がある。TCCMとしてまず考えられるのは音響的に目標艦船とTCMを区別する方法である。目標艦船とTCMの音響信号にレベルやエコー長等何らかの違いがあれば類別処理により欺まん音を看破できる。ただし、欺まん信号を発生するTCMは魚雷に目標艦船だと判断させるような信号を発生するようにつくられているため類別は容易ではない。

　その他のTCCMとしては、ウェーキホーミング、音響画像センサの使用等がある。ウェーキホーミングはTCMに対抗するための仕組みではないが、ソフトキルTCMの影響を受けないホーミング方式であるため、TCMへの対抗手

図3-46　魚雷防御システム[3-49]

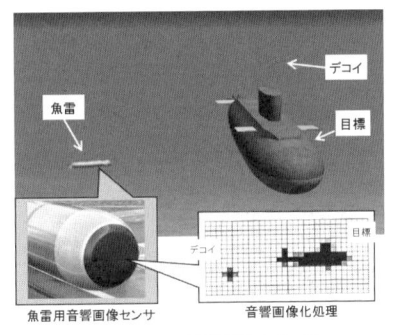

魚雷用音響画像センサ　　　音響画像化処理

図3-47　音響画像センサ

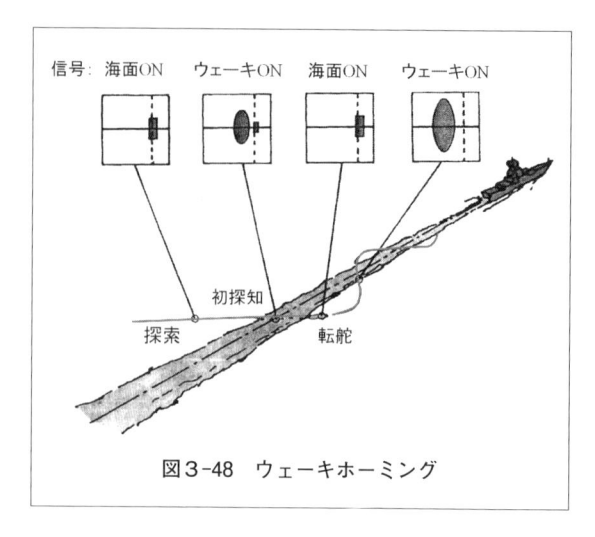

図3-48　ウェーキホーミング

段として有効である。音響画像センサは高周波数の音響信号を使用して空間的に分解能の高い情報を取得し、音響反射物体の大きさおよび形状を把握するものである（**図3-47**）。目標艦船とTCM器材とでは大きさも形状も異なるため類別が可能となる。

（2）ウェーキホーミング魚雷[3-48]

　艦船が航行するとき泡や波が航跡として残る。この航跡を探知して水上艦船へのホーミングに利用するのがウェーキホーミングである。ウェーキホーミングの一つの方式は、海面に向けた探知センサでウェーキを探知し、その後ウェーキを通過した時点で転舵を行うものである。これにより再びウェーキの下を通過する針路をとることができる。この動作を繰り返してウェーキを跨ぎながらS字航行することにより艦船に辿りつく（**図3-48**）。ウェーキホーミングは目標艦船そのものを探知追尾するのではなく、センサは上方に向けられているためジャマーやデコイ等の音響妨害を受けにくいという利点がある。ウェーキホーミング魚雷はヨーロッパ諸国で配備されている他、ロシアのType53-65は輸出もされており、アジアの国でも保有されている。

（3）ATT（Anti-Torpedo Torpedo）[3-50], [3-51]

　現在、各国では魚雷防御の手段として主に音響的に妨害を行うソフトキルTCMを装備している。しかし、魚雷の高性能化にともない、TCM、さらにそれに対抗するためのTCCMも高性能化が進んでおり、とある時点でTCMの能

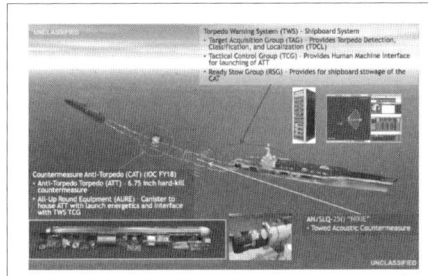
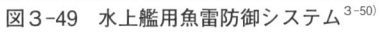

図3-49　水上艦用魚雷防御システム[3-50]　　　図3-50　ATT発射試験[3-50]

力がTCCMに勝っている保証はない。またウェーキホーミング魚雷、直進魚雷、有線誘導魚雷等のソフトキルでの対処が困難な魚雷が存在する他、音響ホーミング魚雷に関しても近年、使用実績がほとんどなく、実際にどの程度のホーミング能力を有するのか推し量るのは容易ではない。魚雷が想定を超える高度なTCCM能力を有している場合、対処が困難なのはもちろんだが、逆に著しく性能の劣る魚雷に対してもソフトキルでは対処できない可能性がある。例えば、魚雷の誘導技術、TCM技術等は高度な技術であり、製造に関しても高い技術力が必要であるが、十分な技術力を有しない国が魚雷を開発あるいは粗悪なコピー魚雷を製造した場合や維持管理体制が不十分な場合、不具合が多発することは想像に難くない。この場合、いくら高度なTCMを用いてもその音響妨害に反応せず（反応できず）、ソフトキルTCMが無視される可能性は否定できない。

　ソフトキルTCMで対応困難な魚雷への対策として諸外国ではATT等のハードキルTCMの開発を進めており、その多くが開発最終段階にある（**図3-49、図3-50**）。ATTは魚雷であると同時にTCM器材でもあるわけだが、TCMは魚雷を発見して短い時間で状況を判断し、適切に対抗器材を射出しなければならないため、ATT、デコイ等の対抗器材と魚雷探知用艦艇ソーナー、指揮管制装置、ランチャ等を一体のシステムとして考える必要がある。このシステムの考え方によりATTは特徴づけられる。アメリカとドイツのATTは直径がそれぞれ171mm、210mmと短魚雷よりも小型であり、探知性能に対する制約は強くなっている。これはシステムの一部としてのATTの役割が探知距離の延

伸を図り、一発必中で目標を攻撃する通常の魚雷とは異なることを示している。ATT開発の考え方のもう一つの流れは、フランス・イタリアのMU90HKのように既存の魚雷をベースにするというものである。既存魚雷で進化させてきた技術の多くをほぼそのまま使用することができる他、開発コストおよび開発期間を抑えることができる等のメリットがある。

ATTの探知技術で考慮しなければならないこととして、目標である魚雷の大きさや速度がある。通常の魚雷が目標とする艦船と比べてATTの目標である魚雷の大きさは格段に小さく、このことは探知状況に影響する他、命中させるためにより精密な誘導を要求することとなる。また目標の速度についても魚雷は艦船よりも速いため、艦船を目標とする場合と同じ探信間隔のアクティブホーミングでは十分な情報が得られない。探信間隔を短くするのは一つの解決方法だが、探信間隔が短過ぎると探信間で干渉が起こってしまうため、高速移動する魚雷を追尾するために必要な探信間隔まで短縮できるとは限らない。その場合は新しい送信方式や信号処理方式等を検討する必要がある。

なおATTに関してはアクティブ、パッシブに加えて相手の魚雷が探信音を出していれば逆探を利用することも可能である。

冷戦時には潜水艦攻撃用武器としての役割を増していた魚雷は、近年、防空システムの高性能化で空中からの水上艦艇攻撃が困難となってきたこと等から、水上艦艇攻撃の手段としても再認識され始めている。空母の他、高価な電子機器を搭載した水上艦艇が存在する今日では、それらの艦艇を撃沈することのできる魚雷は費用対効果の面からも存在感が高まっている。

魚雷用探知技術としてはソフトキルに加えてハードキルを投入する等の、より一層高性能化されたTCMをかいくぐって目標艦船に誘導することが求められる。また冷戦時には探知距離延伸を第一としていた探知性能は、沿岸海域の複雑な海洋環境での使用等さまざまな状況への対応が必要となっている。

魚雷用探知技術は多くの場合、水中音響技術または魚雷技術に含まれていて、独立して取り扱われることのないセンサとビークルの交差点に位置する分野で

ある。目立った分野ではなく、普段あまり目に触れることはないが、お互いに制約を与えながら、一方でカバーし合う音響と運動のコラボレーションは水面下で進化し、設計思想によってさまざまなバリエーションを生み出しながら今日に至っている。

5．電磁気による探知技術または 艦艇の電磁界低減技術

　ここでは艦艇に係る電磁気技術を取り上げる。艦艇技術の中で電磁気を取り扱うことに疑問を持たれる向きもあろうかと予想されるので、本題に入る前に若干の前説を行う。

　陸上、海上あるいは上空から水上航走している艦艇を探知するためには、通常、電波あるいは光波が用いられる。これらは速度が極めて速い（これらの速度は、毎秒300,000km・・1秒間に地球を7周半進むことができる）ため、艦艇を遠距離から短時間で探知することが可能である。しかしながら、**図3-51**に示すように電波あるいは光波は海中においては急速に減衰してしまう問題点を抱えている。

　また図3-51から、極近距離であれば可視光が使用可能と思われるが、実際には海水が混濁した状況では、探知が困難になるため、常時探知できるとは限らない。すなわち、空中から艦艇を探知する場合には電波あるいは光波は有用であるが、海中の艦艇を探知する場合には電波あるいは光波以外の物理現象に頼らざるを得ないことになる。

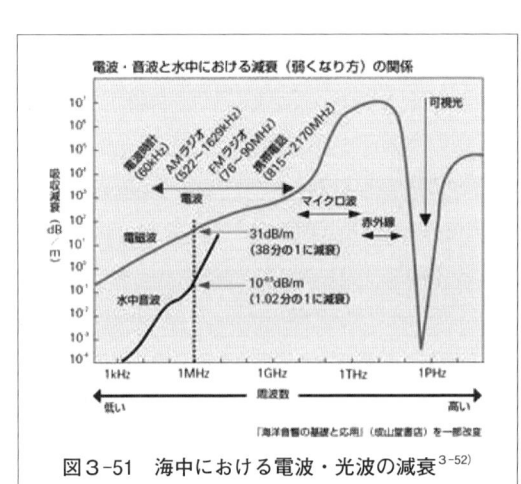

図3-51　海中における電波・光波の減衰[3-52]

　以上の理由により、現在、海中における艦艇探知には音波が常用されている。音波は、海中における減衰が電波あるいは光波に比べて少ないことから、遠距離の海中目標を探知するためのほぼ唯一の手段である。他方、音波にも課題がある。音波は海水温度、水深あるいは塩分濃度などにより、

伝搬経路、伝搬距離が甚
だしく変化するため、同
一海面において常に一意
的な探知を行うことは困
難である。また図3-52
に示すようなシャドウ
ゾーンと呼ばれる領域内
に潜んでいる潜水艦を音
波により探知することは

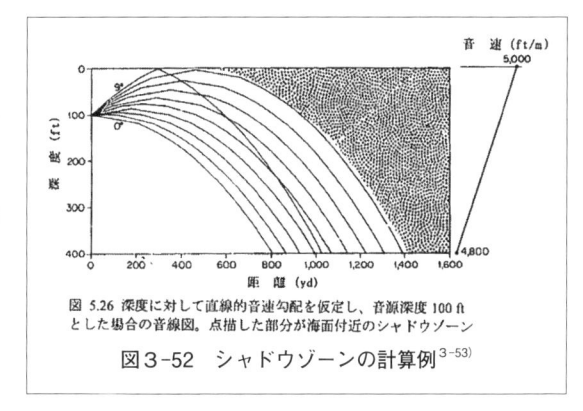

図5.26 深度に対して直線的音速勾配を仮定し、音源深度100 ft とした場合の音線図。点描した部分が海面付近のシャドウゾーン

図3-52 シャドウゾーンの計算例[3-53]

困難であることが知られている。

このため、海中の艦艇（目標）を探知するためには、音波伝搬技術、信号処理技術および情報処理技術などを駆使し、また探知対象海域の海水温度、塩分濃度などをその都度計測する必要が生じる。言い換えれば、音波は海中における目標探知手段として有効ではあるが、探知可能範囲は一定ではなく時と場所により変動することを意味している。

さて、艦艇の主船体の材質は、通常鋼板（鉄）であるが、鋼板は強磁性体であることから、艦艇そのものをいわば一本の大きな磁石とみなすことができる。ここで、磁石からは磁力線が出ているが、磁力線は海中においても空中と同様に存在する。さらに地球の至る所に地磁気が存在し（詳細後述）、かつ地磁気は鋼板などにより歪むことが知られている。このため、艦艇により生じる磁気の歪みなどを磁気センサにより検知することにより近距離の艦艇を探知することが可能となる。

話を水中電界に移す。一般的な艦艇の主船体は鋼鉄製であることは前記したが、そのほかに艦艇はプロペラなどの黄銅製に代表される各種金属が海水に接している。これら複数種類の金属が海中で接していると一種の電池状態となり、海中に電気が流れる（詳細後述）。このため、海中を流れる電流を検知できる電界センサにより、艦艇を探知することが可能となる。

ところで、以上の磁気変動および水中電界は人工物である艦船固有の物理現

表3-2　海中における艦艇の探知方法

物理現象の種類	海中での使用可否	探知距離	伝搬経路	探知方法	外部要因
電波および光波	極めて難				
音波	可	磁気、水中電界に比べて遠距離探知が可能	極めて複雑であり、一意的には定まり難い	アクティブおよびパッシブ	水温、海洋生物等の影響
磁気	可	音波より短い	音波に比して単純	パッシブ	地磁気の影響
水中電界	可	音波より短い	音波に比して単純	パッシブ	

象であり、海洋生物には存在しない。また音波に比べて、伝搬経路を定式化しやすいことから海中において比較的近距離に存在する艦艇を探知する場合に適している。

　上述の話を、立場を変えて艦艇の立場から考える。艦艇による磁界あるいは水中電界を低減することにより磁気センサなどを搭載した機雷（＝海中に敷設され、艦船が接近または接触したとき、自動または遠隔操作によって起爆する水中武器）などの脅威に対する残存性が向上することになる。さらに、潜水艦から発生する磁気が少なければ磁気探知機などによる被探知の恐れを少なくすることが可能となる。

　ここまでの話を踏まえ、海中における艦艇の探知方法について整理した表を**表3-2**[3-54)] に示す。表1から、電磁気は艦艇の探知（矛）および低減（盾）の両面にわたり不可欠な役割を果たしていることがわかる。以上が艦艇技術において電磁気を取り扱う理由である。

　次に艦艇の脅威対象として、機雷について簡単に触れておく。冒頭で述べたとおり、海中における艦艇の脅威対象としては、機雷が知られている。

　初期の機雷は、機雷に取り付けられた触角に艦船が衝突することにより起爆する機構を有していたが[3-55)]、その後機雷の脅威範囲を向上すべく磁気センサを搭載した機雷が出現し、現在では、文献3-56) にみられるように通常、艦船から発生する音波、磁気、水圧あるいは振動を検知することにより起爆する

機構を有している。また文献3-56）からは、1個の機雷に音響、磁気などの複数のセンサを内蔵していることも分かる。ここで、文献3-56）は中国（大陸）における機雷の例であるが、他国も同様と考えられる。最近は、電界センサを搭載した機雷が出現しており（図

図3-53　イタリアの電界センサ搭載機雷[3-57)]
（電界センサを矢印で示す）

3-53)、機雷の高性能化が進んでいることが窺える。

5.1　艦艇と磁気

　艦艇の磁気について考えるに際しては、地磁気と艦艇との関係による磁界の歪みに加え、艦艇から発生する磁気についても理解する必要があり、以下ではそれぞれについて言及する。

（1）地磁気と艦艇
　地球は磁気を帯びており南極近傍から北極近傍に向けて磁力線が発生していることは周知のとおりである（図3-54）。地磁気の大きさは東京付近では全磁力として約46,000nTであり、また磁力線は約49度方向の伏角（水平からの傾き）を有している[3-58)]。なお約46,000nTのＴとはテスラと呼ばれ、イメージ的には磁気の大きさを示す単位（正確には磁束密度を示す単位）である。
　さて、磁気は空中よりも鋼鉄内の方が通り易い性質を有する。このため、艦艇が存在すると、地磁気は図3-55下段のように歪みを生じる。後述するが、この歪みを航空機から検知するMADと呼ばれる装置が存在する。

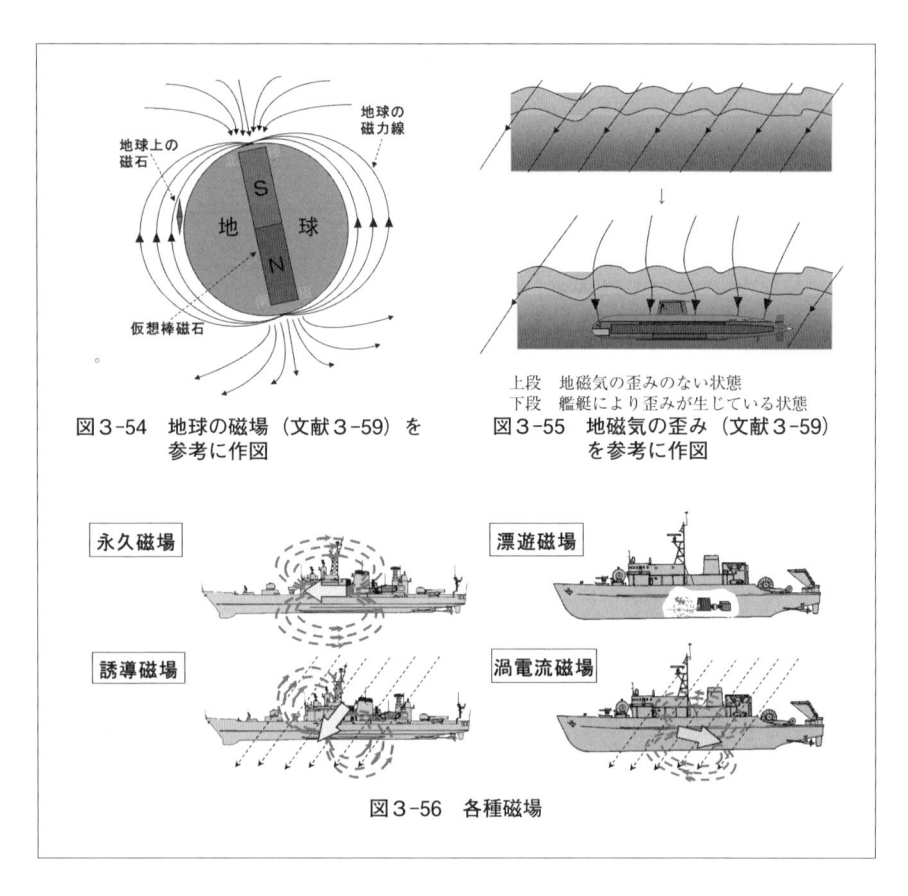

図3-54　地球の磁場（文献3-59）を
　　　　参考に作図

図3-55　地磁気の歪み（文献3-59）
　　　　を参考に作図

上段　地磁気の歪みのない状態
下段　艦艇により歪みが生じている状態

図3-56　各種磁場

（2）艦艇から発生する磁気

　艦艇から発生する磁気は静磁場と動磁場に大別される。静磁場は船殻および搭載品の磁性物体のもつ永久磁気と地磁気による誘導磁気があり、動磁場は電力機器、配線などによる漂遊磁気さらに銅、アルミ等の金属導体の回転、動揺による渦電流磁場などがある。艦艇から発生する磁場の種類を**表3-3**に、また各磁場のイメージを**図3-56**[3-60]に示す。以下では、各磁場について分説する。

　(a)　永久磁場

　艦艇の材料となる鋼板は、建造される前に、既にある程度の固有の磁気を帯びている。この鋼板が溶接または鋲接続により気密につなぎ合わされ、多くの

表3-3　磁気の種類

種　類	名　称	解　　説
静磁場	永久磁場	艦艇に固着している磁場
	誘導磁場	地球磁場と強磁性体である艦艇との誘導により発生する磁場
動磁場	漂遊磁場	艦艇内の発電機等により発生する磁場
	渦電流磁場	地球磁場の中で艦艇が動くことにより発生する磁場

区画からなる船体を構成する。

　また建造過程においてエンジン等、各種の機械類が据え付けられる。これら機械類も鉄製であることが多い。建造過程において、地球磁場の中で一定方向にして機械的振動を連続的に加えることにより着磁する。さらに鋼板の溶接、切断などにより局部的に加熱冷却した場合、鋼材内に内部応力を生じて局部的に磁気特性が変化する。これらが総合されて艦艇全体として就役時には大きな永久磁気を帯びることになる。　就役後の艦艇は、行動中に波浪や水圧および振動等を受けることにより永久磁気が変化する。さらに、磁気緯度の異なる海域に長期間行動する時は永久磁気の値がその海域の地磁気に平衡した値に近づく。このため、同一タイプの艦艇においても個艦ごとに着磁した永久磁気の状況は異なる。

(b)　誘導磁場

　誘導磁場とは、磁性体が地磁気を歪ませることにより発生する磁場である。磁性体である艦艇は地磁気の中にあるため、常に誘導磁場が生じる。電磁気学的には、鋼製の艦艇は船体の構造ならびに形状により一様に磁化された回転楕円体とみなすことができることが知られている[3-59]。このため、艦首方向が北または南を向く時、最大の誘導磁気を生じ、東または西を向く時は艦首尾線方向の磁気は零となる。実際の艦艇は艦首方向の変化、波浪による船体動揺、磁気緯度の変化による地磁気の変化などにより誘導磁気はその極性と大きさがたえず変化している。

　艦艇の誘導磁気は船体形状、寸法、鋼材の磁気特性、鋼材の重量等により理論的に求めることができる。同一艦種の場合は、地磁気が同じであればほぼ同じ大きさである。

(c) 漂遊磁場

艦艇から発生する漂遊磁場は次の原因により発生するものと考えられる。

ア．掃海用の直流発電機、掃海ケーブル、接続箱等の直流の大電流機器。

イ．大容量の蓄電池を多数接続する場合にループ回路ができる場合。

ウ．艦艇内にぎ装する大電流の直流回路。

(d) 渦電流磁場

掃海発電機のフライホイールなどの大型金属導体が高速で地球磁界内で回転する時に発生する渦電流により磁場が発生する。また艦内にある銅、アルミ等の電気伝導体が船体動揺などにより地磁気を切ることにより生じる渦電流により発生する。

実際の艦艇では上記(a)から(d)までの各種船体磁気が重畳して、複雑な船体磁場を形成することになる。

鋼鉄艦艇の場合は主に永久磁気と誘導磁気が支配的で、動磁場はその値がはるかに小さいため無視することができるが、掃海艇の場合は、機雷が存在する海面でのオペレーションを行うため、動磁場を無視するわけにはいかない。このため、掃海艇については動磁場について綿密な消磁対策を施す必要がある。

5.2　磁気探知

既に述べたとおり、海中目標を探知する方法として、通常は音波が用いられる。この場合、探知する側から音波を送波し、被探知目標からの反射音を受波するアクティブ方式と、被探知目標から放射される雑音を受波するパッシブ方式がある。アクティブ方式は送波のレベル、周波数あるいは送波方位などを探知する側が設定できる利点があるが、音波の伝搬距離が往復分、すなわちパッシブ方式の2倍となる弱点があることは周知のとおりである。

磁気は、磁気飽和現象により発生できる磁気の大きさに限界があること、また音波に比べて遠距離まで届きにくいことから、現在知られている磁気による海中目標の探知方法は被探知目標により生起する磁気の歪みによる磁気の変化

を検知するパッシブ方式に
よるものである。

　現在、磁気によるパッシ
ブ探知として常用されてい
る装置としてMADがある。
MAD（Magnetic anomaly
detector）とは航空機用磁気
探知機あるいは航空磁探と
呼ばれているものであり、

図3-57　米軍のP-3C（矢印がMAD）[3-61]

航空機に搭載し、図3-55に示したように潜水艦などの磁性物体により生じる
地磁気の歪みを検出することにより、潜水艦の存在を検知する機器である。

　図3-57に示すように、MADは、機体からの磁気による影響を避けるべく、
機体の最後尾から飛び出す形で取り付けられている。

5.3　磁気低減

　艦艇の磁気を低減する方法としては、磁気処理と（船体）消磁の2種類が知
られている。以下ではこれら2種類の方法について述べる。

（1）磁気処理

　磁気処理とは、艦艇に着磁した艦首尾方向の永久磁気を脱磁するために行う
処理である。実際の磁気処理としては、図3-58に示すとおり艦艇外周にコイ
ルを巻き付けた後、コイルに大電流を流すことにより、艦艇の永久磁気成分の
向きを整える。その後は、逐次コイルに印加する電流を減少することにより行
われる。

　さて、艦艇が大型化するに従い、図3-58のように艦艇にコイルを巻き付け
る作業が困難になることは容易に予想できる。このため、外国には図3-59に
示すような巨大コイル群をあらかじめ海上に設置したドライブインタイプの磁

気処理施設を有する施設が存在する。

（2）消　磁

　磁気処理とは別に、艦艇の磁気量を見かけ上低減する方法として消磁と呼ばれる方法がある。これは艦艇の建造において、あらかじめ消磁用のコイルをぎ装しておき、必要に応じて、ぎ装したコイルに電流を印加することにより磁気を低減する方法である。ここで磁気はベクトル場であることから、艦艇の磁気を低減するためには磁気の方位別コイルが必要となる。これを踏まえ、通常艦艇にぎ装するコイルは、図3-60に示すとおり、艦艇垂直方向の磁気成分を打ち消すMコイル、艦艇横方向の磁気成分を打ち消すAコイル、また艦艇の艦首尾方向の磁気成分を打ち消すFQコイルおよびLコイルをぎ装することになる。

　さて、艦艇の消磁を行うに際しては、艦艇の磁気量の把握および消磁コイルへの最適な電流印加量が課題となる、これに対して近年、図3-61にみられるようなCLDGと呼ばれる新たな消磁技術が実用化されている。CLDGとはClosed Loop DeGaussingの略であり船体磁気の状態を艦艇に装備された艦内磁気センサにより、常時検知した信号を消磁装置に伝送して、消磁電流を自動的に管制し、船体磁気を常に最適消磁状態にするシステムである。

　図3-62は、CLDGをぎ装したイタリア海軍掃海艇の外観である。

（3）磁気処理と消磁

　前2項で磁気処理と消磁について触れたがここでは両方式の差異について考える。磁気処理は、磁気低減の方位が限られること、船体の磁気を外部計測するための施設が必要となること、艦艇の磁気量を知るためには、外部磁気計測装置が設置されている施設まで赴く必要があること、さらに海上において艦艇にコイルを巻き付けるという、非常に複雑困難な作業を要する。他方、外部磁気計測装置により詳細な船体磁気量が得られること、艦艇の船型あるいはぎ装品に制約されず船体磁気量の調整ができること、また陸上から磁気処理用の電源を供給できるため通電量の制約を受けない利点がある。これに対して消磁は、

図3-58 艦艇に磁気処理コイルを巻き付けた状態

図3-59 米国の磁気処理施設 [3-62)]

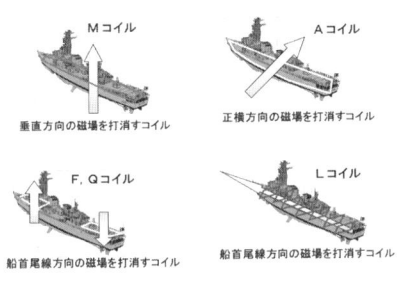

図3-60 消磁コイルの種類

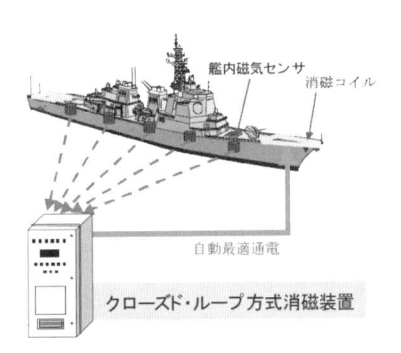

図3-61 クローズド・ループ方式消磁装置 [3-63)]

図3-62 CLDGぎ装艇の例 [3-64)]

磁気処理の施設を要しない、すなわち場所を選ばずにいつでもどこでも磁気の低減が可能となる利点がある一方、消磁コイルの配置および通電量については、ぎ装等による制約を有する。このため、通常任務では消磁による磁気低減を行いつつ、定期的に磁気処理を行うことになる。

　消磁と磁気処理との関係は、消磁は毎日の歯磨きによる清涼感を、また磁気処理は歯科医院による歯石除去を連想することができる。

5.4　艦艇の水中電界

（1）腐食電流

　艦艇の主船体は、通常、鋼板が用いられている。鋼板は、強度があること、溶接がしやすくまた長年の建造実績がある利点を有する。他方、艦艇のプロペラ材質については、プロペラに要求される強度、耐食性等の点から黄銅などが多用されている[3-65]。

　このように異種金属が接続している艦艇が海中に存在すると、異種金属間に電位差が生じ、局部電池が形成されて海水内を腐食電流が流れ、鋼板と黄銅であればよりイオン化傾向の大きい鋼板が腐食することになる。これらの様子を模式的に示したものを**図3-63**に示す。

　他方、船体に木材あるいはFRPを使用している掃海艇などは、船体そのものは防食対象とはならない。しかしながら、掃海艇には金属製の各種配管などが船底にぎ装されており、これらとプロペラやプロペラ軸などの間には腐食電流が生じる。このため、船質が鋼製でない掃海艦艇についても腐食を防止するための防食対策を講ずる必要がある。

（2）防　食

　艦艇の腐食が不可避である以上、何らかの腐食対策（防食）を施す必要がある。防食方法の一例として、**図3-64**に示すような流電陽極法が知られている。この方法は、鋼鉄よりも一層腐食しやすい金属（犠牲陽極）を船体に貼り付け

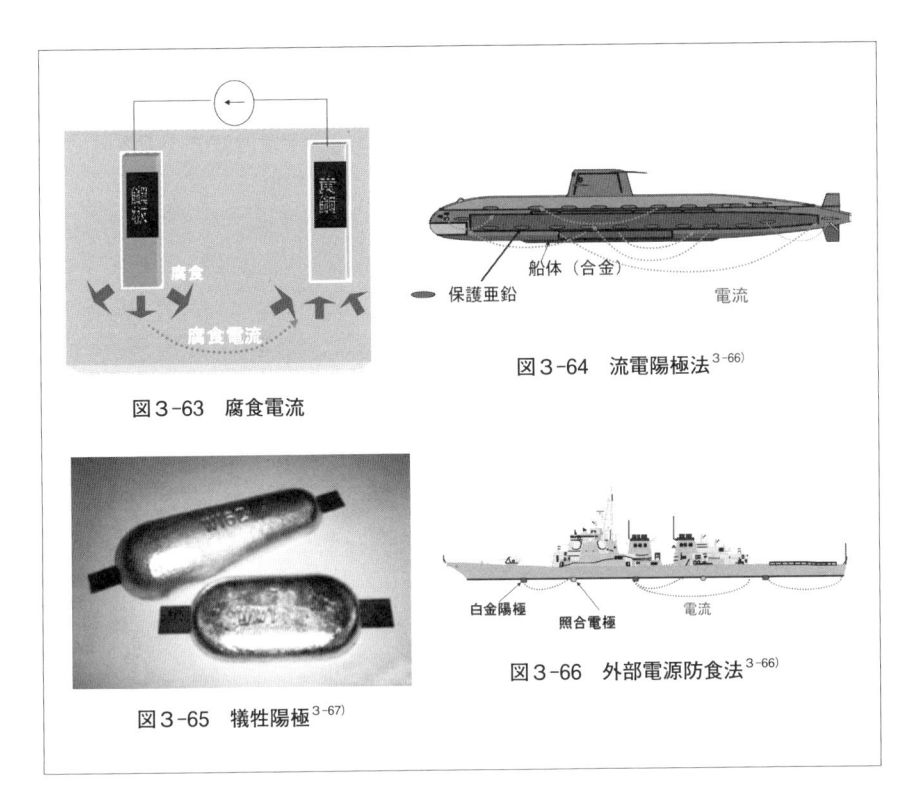

図3-63　腐食電流

図3-64　流電陽極法[3-66]

図3-65　犠牲陽極[3-67]

図3-66　外部電源防食法[3-66]

ることにより、鋼鉄船体の腐食を防ぐ方法である。犠牲陽極として亜鉛が用いられており、その外観の一例は**図3-65**のとおりである。流電陽極法では、犠牲陽極が消耗する前に新しい犠牲陽極に交換する必要がある。また犠牲陽極とプロペラなどの金属間には防食電流が流れることになる。

　もう一つの防食対策として、**図3-66**に示すような外部電源防食法がある。この方法は、艦底に設置した照合電極により船体電位を監視しつつ、船体電位が所定電位を保つように白金陽極から意図的に電流を流す方法である。繰り返しになるが、いずれの防食方式においても防食電流が流れることになる。

5.5　水中電界による探知

海中を流れる腐食電流は、艦艇に限らず、商船、さらには海洋構造物についても共通の現象である。このため、腐食対策としての電位計測は一般的に行われている。

他方、海中を潜航する潜水艦を検知するための電界検出器についてはここ20年間で実用化が進展した。電界検出器では、2個の電極の電位差を検出する方法を用いており、このため電極間距離および2

図3-67　電界検出器の一例[3-68]

個の電極間のわずかな電位差を低雑音で増幅できる増幅回路の性能が電界検出器全体としての検出能力を左右する。図3-67は、海中の電位差を検出する電界検出器の一例を示す。

5.6　水中電界低減

艦艇に腐食電流あるいは防食電流が流れる以上、海中には水中電界が発生する。このため艦艇の水中電界ステルス化の観点からは水中電界の低減を施す必要がある。磁気については前記したように、磁気量を直接減らす方法が用いられてきたが、水中電界については艦艇の腐食を抑止する必要があることから防食電流そのものを止めることはできない。このため、艦艇の水中電界低減については、磁気低減とは別のアプローチで行うことになる。これら水中電界低減については、諸外国においても取り組みがなされており、今後の発展が期待される。

ここでは、艦艇技術における電磁気の概要について述べた。第二次世界大戦

中、連合国側が敷設した磁気センサ内蔵機雷などにより、日本の艦船に大きな被害を受けたこと、さらに第二次世界大戦終結後70年近くになる現在においても、大戦中に敷設された機雷の除去を実施していること[3-69]は記憶に新しい。このことは、艦艇について考える際に磁気の低減が極めて重要であることを意味する。

他方、水中電界については、2010年代に入り多くの国から電界センサ搭載機雷が生産され始めている[3-66]。磁気と同様に水中電界は大きさと方向が数式で記述できる物理現象（ベクトル場）であるため、電界センサを内蔵した機雷は、機雷近傍を航走する艦艇の航走位置を特定できる（ベクトル場としての水中電界イメージを**図3-68**に示す）。すなわち電界センサ内蔵機雷は、艦艇が機雷の威力範囲内を航走した時のみ起爆し、威力範囲外を航走した場合には反応しない機雷とすることができる。幸いにして現時点においては、電界センサに触雷した事例は聴かないが、水中電界による脅威を実感し始めてから研究を開始していたのでは第二次世界大戦における八木・宇田アンテナの例を待つまでもなく間に合わないことは自明である[3-70]〜[3-71]。このため、諸外国においては水中電界低減を指向した実証船の研究なども進められている[3-72]。

さて、艦艇電磁気の基礎となる電磁気学は、高等学校の物理学に加え、大学の理工系学部における基本的履修科目であることが多く、それ自体は希有な分野の学問ではない。しかしながら、電磁気は質量がないため、感触として直接感じることができないことに加え、ベクトルの発散、回転などといわれる電磁気現象を記述する方程式や特殊関数が次々と出現するため、艦艇電磁気の全貌を理解するには、艦船についての知識に加え、応用数学に関する知識についても理解する

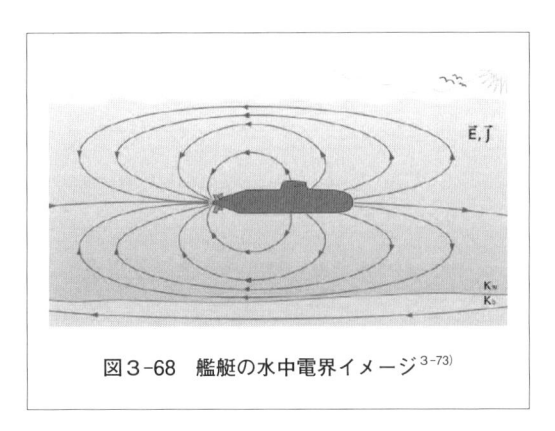

図3-68　艦艇の水中電界イメージ[3-73]

必要があることも事実である。このような困難があるものの、艦艇の電磁気低減については、欧州・中国を含む世界各国で研究がなされており[3-73]〜[3-75]、今後も引き続き研究が進むものと思われる。

第4章

モデリング&シミュレーション技術

1．防衛装備品構想検討シミュレーション

　みなさんは、防衛省や各国の軍が使用するシミュレーションについて何を想像するだろうか。航空機のパイロット視点のコクピットシミュレーションや、FPS（ファースト・パーソン・シューティング）と呼ばれる歩兵の一人称視点のゲーム、もしかすると指揮官として部隊を指揮する戦術レベルのウォーゲームを思い浮かべるかも知れない。これらは教育・訓練を目的としたシミュレーションであり[4-1]、ゲームが好きな人ならどんなものか想像しやすいかと思う。

　ここではこれとは異なり、大半の人にとってはなじみが薄い、自衛隊の装備品の研究開発への貢献を目的とした装備品構想検討シミュレーション（以下、装備品構想検討SIM）について、その意義や関連技術、将来の展望について述べたい。

1.1　なぜ装備品構想検討SIMが必要か

　自衛隊は日本を守る最後の砦であり、その自衛隊が扱う装備品の機能や性能は国家の命運を左右する。その装備品を国産で研究開発するのに要する時間やコストは、装備品の高度化・複雑化に伴い、ここ近年で増加する一方であり、わが国の財政を鑑みても失敗を許容する余裕は失われてきている。また装備品の研究開発の世界的な趨勢を鑑みるに、改良を加えながらも実用に耐えうる拡張性を有し、長期的に使い続けられることも重要な要素である。世界の兵器開発史を紐解けば、失敗とされた兵器は多々あるが、その原因の一つに研究開発の初期段階における構想検討の失敗が挙げられる。今回のテーマである装備品構想検討SIMは、この構想検討に用いるツールについて述べるものである。

　改めて、一般論として兵器の構想検討の重要性について掘り下げてみよう。兵器開発史において、期待された性能を発揮できずに失敗兵器の烙印を押された数々の事例の要因を以下に整理した。

・軍に制式化されずに終わるもの。技術的な問題による開発の失敗、競争試作での敗北、政治的または情勢の変化による中止等による。

・制式化されるも期待通りの活躍を果たせなかったもの。隠れていた欠点が実戦で露呈した、当初の想定と異なる戦闘様相に対応できなかった、急速な技術革新により相対的に旧式化した等による。

一方、有用性を示した兵器には以下の傾向が見てとれる。

・綿密に検討された構想に裏打ちされたもの。

・時勢に上手く適応できたもの。

すなわち、変化する情勢を見越した先見性や、予測困難な情勢にも対応可能な拡張の余地を有することが重要である。構想検討で重要となるのは、検討しているアイデアが実際にどれだけ効果があるのかを客観的に示せることであり、古今東西にわたって兵器開発に携わる者の課題であり続けた。

特に現代では、過去の事例分析や机上検討に基づいた議論といったこれまでの手法だけでは限界がある。それは、第2次世界大戦における上陸作戦で統合運用の必要が迫られて以来、陸海空から衛星軌道の領域までがネットワーク化され、運用が複雑かつ大規模化してきているためである。そこで、コンピュータの助けを借りて多数の装備品をモデル化し、地球規模の仮想空間上に複雑な戦闘様相を模擬して構想検討を行えば良いという発想が装備品構想検討SIMの原点であり、そのメリットは以下に整理される。

・複雑で不確定要素の含まれる問題や、現実の世界では実現が困難な条件の検証ができる。

・装備品を実際に用いずに済む。未来の装備品や他国の兵器も対象とすることができる。

・コストや時間、失敗や事故のリスクを低減できる。

・異なる条件や複数のプランを比較・検討できる。

・結果の妥当性を客観的、定量的、定性的に評価でき、再現性もある。

装備品構想検討SIMの例として防衛省技術研究本部（現：防衛装備庁）ではシミュレーション統合システム（以下、SIMTO）を研究試作（平成17〜23年度）

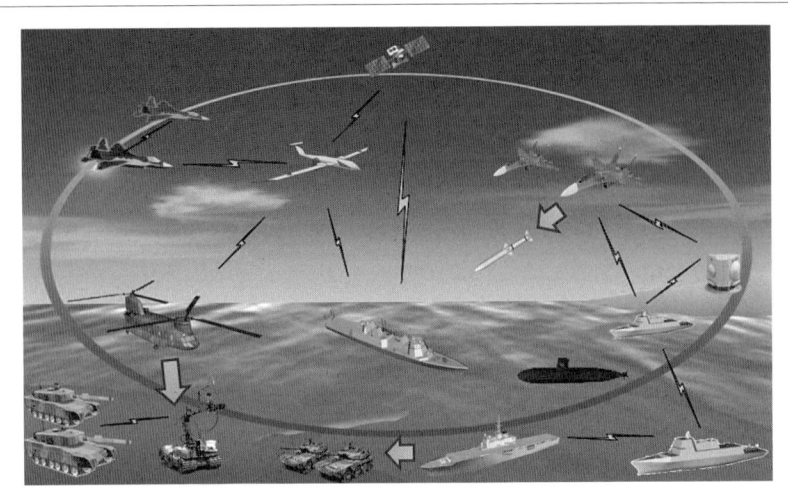

図4-1　シミュレーション統合システム（SIMTO）

し、平成23年度から実際に将来装備品の構想検討に用いている。

　SIMTOは特定の装備品を対象とした専用のツールではなく、さまざまなプロジェクトに対応可能な汎用のツールである。陸海空から衛星軌道までにわたる広大な仮想空間上へ、ネットワークでつながった多種多様な装備品を配置させ、その機能や性能が戦闘結果に及ぼす影響を評価できる（**図4-1**）。

　これまでシミュレーションやOR（オペレーションズ・リサーチ）等の専門知識を要した構想検討を、一般の職員でも担えることを目指したものであり、シミュレーションが専門外の職員であっても、SIMTOによって各々の担当する装備品の有用性を評価できるようにするためのものである。

　ただし、装備品構想検討SIMをすべての構想検討に用いる訳ではない。簡単な内容なら手計算で済むこともあれば、運用に近い用途であればORの方が手間はかからず、過去の知見の資産を活かせることもある。要は適材適所での使い分けが今後模索されることになるだろう。

　なお模擬対象がSIMTOに近い規模のシミュレーションの例としては、米国のOneSAF[4-2]やEADSIM[4-3]があるが、これらの用途は装備品の構想検討

というよりは教育・訓練や戦闘様相の分析等を目的としたものである。

　OneSAFは主に市街地を含む地上と空中を再現した仮想空間上に、味方・敵・その他に分類される部隊モデルを最大数万の規模で同時に登場させ、ユーザーが操作しきれないモデルは人工知能により自動で戦闘を模擬させることができる。EADSIMは主に空中および宇宙空間の戦闘の模擬を対象としており、1989年から現在に至るまで数ヵ国で運用が続けられている。

1.2　対象をどう模擬するか

　汎用的なソフトウェアは一般的に、幅広いユーザーのニーズに対応できる柔軟性と簡便で分かりやすい操作性を両立させることが重要である。この章では装備品構想検討SIMの「模擬」にまつわる技術を中心に、柔軟性と操作性の両立というテーマについて述べる。

　読者諸氏の中には、「とにかく徹底的に本物に精密かつ忠実に模擬すれば正確な結果が出るに違いない」と思われる方もいるかもしれない。しかし、それは二つの理由から非現実的である。一つめは、設定できない・しなくて良い諸元の存在である。例えば、他国の兵器の性能諸元や未だ解明できていない事象、もしくは結果に与える影響が無視できるレベルの些細な要素である。二つめは、人間が構築した装備品のシステムは、正確に模擬しようと詳しく作り込むほど複雑怪奇な数式の洪水によって、素人には手に負えない怪物へと変貌してしまいがちなためである。

　ここまで踏まえた上で、世の中に多々あるシミュレーションが、何をどこまで細かくモデルとして表現＝模擬しているかは、シミュレーションの目的によって異なっている。フライトシミュレーションであれば航空機、戦車の訓練用シミュレーションなら車両や対戦車ヘリコプターといったある程度まとまったシステムに相当するモデルを基本単位として模擬する。

　一方、要素技術の研究開発を行う研究所等で使われるシミュレーションでは、よりコンポーネントに近い要素的なモデルを模擬するものが多く、例えば車体

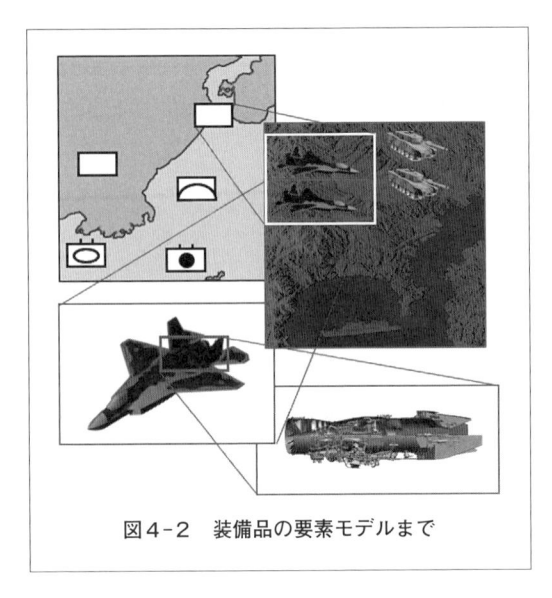

図4-2　装備品の要素モデルまで

強度の解析や、船体や翼の周りの流体解析、火砲の弾道や通信機の電波伝搬を検討するものもある。

　このように、目的によってモデル化のレベルも異なるわけで、やたらと細かく模擬すればいいわけではない。例えば指揮官の立案する作戦の訓練や評価が目的であれば、複数の人員や装備品をひっくるめた部隊をモデルの基本単位にすることもある（**図4-2**）。

　装備品構想検討SIMは扱う対象が大規模かつ広範囲に及ぶため、シミュレーションの設計者にとっては作業量が、ユーザーにとっては把握すべき知識量がそれぞれ負担となる。モデル化は誰が設計しても同じものになるほどの明確な基準は存在しないため、設計の段階では省略していた要素が、いざシミュレーションを活用する段階で実は重要な要素であったことが判明することもありうる。

　また、どんなニーズにも対応できるように安易に大規模化かつ複雑化すればユーザーがモデルを設定する負担が高まり、かといって単純化しすぎれば多種多様なニーズに対応できずにユーザーの不満が高まることになる。道具とは、使う手間以上に得られる成果が無ければ見向きもされなくなるものである。従って、設計者においてはユーザーの理解や設定が必須なポイントとユーザーが着目したいポイントを一致させ、ユーザーに不要な負担を負わせない工夫が求められる。

　この項では柔軟性と操作性の相反する二つをいかに両立させるかを、以下の

四つの概念からSIMTOの機能と今後の課題を絡めて述べていく。

・装備システム基本モデル

・忠実度

・プラグイン

・行動判断ルール

（1）装備システム基本モデル

　SIMTOで取り扱うモデルは、装備システムモデルと自然環境モデルの二つから構成される。装備システムモデルは、戦車や戦闘機、護衛艦といった装備品一つにつき、一つのモデルとして表現される。装備システムモデルを複数組み合わせて部隊を構築することができる。さらに装備システムモデルは、5分類29種類から成る部品としての装備システム基本モデルの自由な組み合わせで構成される。

　5分類の部品モデルは、指揮、プラットフォーム、ウェポン、センサ、通信である。装備システムモデルは、プラットフォームモデルに指揮モデルと任意の種類・個数のウェポン、センサ、通信のモデルを組み合わせて構築する。これにより、ユーザーが構想する装備品を臨機応変に表現できる。また装備シス

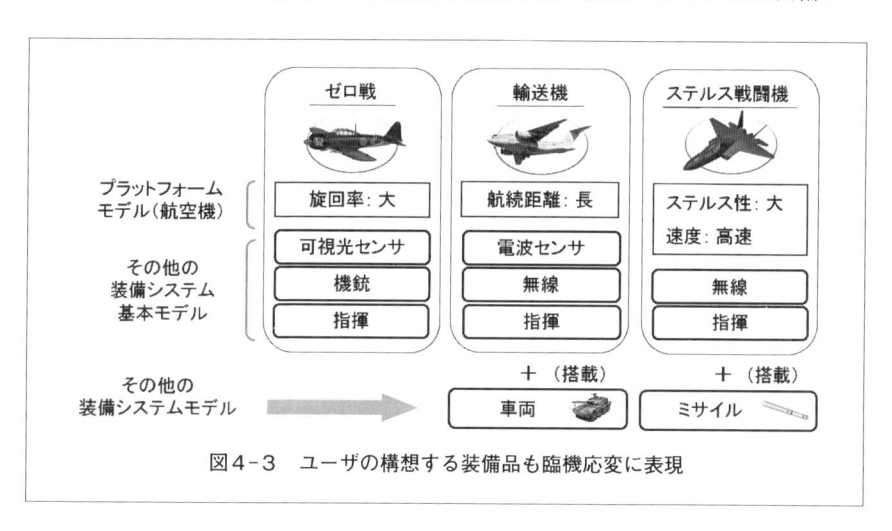

図4-3　ユーザの構想する装備品も臨機応変に表現

テムモデルに別の装備システムモデルを搭載することで、装備品から別の装備品が分離または格納する運用を模擬することができる（**図4-3**）。

SIMTOではユーザーの利用が頻繁に想定されるモデルのデータベースを整備している。これにより、ユーザーは諸元が設定済みの装備システム基本モデルをブロックのように組み合わせることで、検討したい対象をゼロから作るよりも比較的容易に構築可能である。

（2）忠実度

幅広いニーズに対応できる柔軟性と、分かりやすい操作性の両方を満足させるための手段として、SIMTOでは、どれだけ実事象を忠実に表現しているかという意味で、模擬内容の作り込みの細かさ（粗さ）の違いを忠実度と呼称しており、すべての装備システム基本モデルに2段階の細かさ（粗さ）の諸元を用意している。ユーザーは最初にSIMTOを使うにあたって、どちらの忠実度を用いるかを選べば良い（**図4-4**）。なお米国Raytheon社が構築した防空シミュレーションであるRAMS[4-4]は、レーダに関するモデルの忠実度の選択が可能となっている。

ただ、実際にSIMTOを運用してみると、この目論見は半分成功したと思えるものの、新たな課題が浮かび上がってきた。それは、SIMTOの膨大な諸元の中で、ユーザーが検討したい対象はごく一部であり、しかもその対象はユーザーによって異なる点である。

例えば対空レーダについて検討したい護衛艦の設計担当もいれば、戦車の主砲について検討したい専門家もいる。しかし、ある程度の信頼性のある結果を示すには、その他

粗い　　⟷　　細かい

図4-4　模擬内容の作りを粗から細まで表現

大勢の諸元を無視するわけにはいかず、結局、ユーザーはシミュレーションに用いる諸元の全般的な理解が求められる。先の護衛艦の設計担当の例でいえば、航空機の挙動や、指揮や通信、環境のモデルまで理解しておく必要があるかもしれない。

ユーザーからすれば、使用する諸元の資料を読み込む手間は極力除外し、目的の諸元にのみ注力したいのが本音である。特にユーザーのニーズの都合で細かい忠実度でシミュレーションを行う必要がある場合、設定する諸元の数の増大に加えて、シミュレーションの挙動の解析の手間も膨大なものになるのである。

この課題の解決策の一つとして、装備システム基本モデル毎に異なる忠実度を設定できるようにすることが挙げられる。例えば、護衛艦の対空レーダに注目したシミュレーションを行いたい場合は、探知の模擬に関するモデルは細かい忠実度で、探知に関係のないウェポンや通信の模擬に関わるモデルを粗い忠実度で設定できれば、ユーザーの負担の低減を期待できる（図4-5）。ただし、得られた結果が妥当であるかについては別途考える必要がある。

（3）プラグイン

(1)と(2)において、SIMTOは5分類29種類の装備システム基本モデルと、2段階の忠実度を用意してユーザーのニーズに対応していることについて述べ

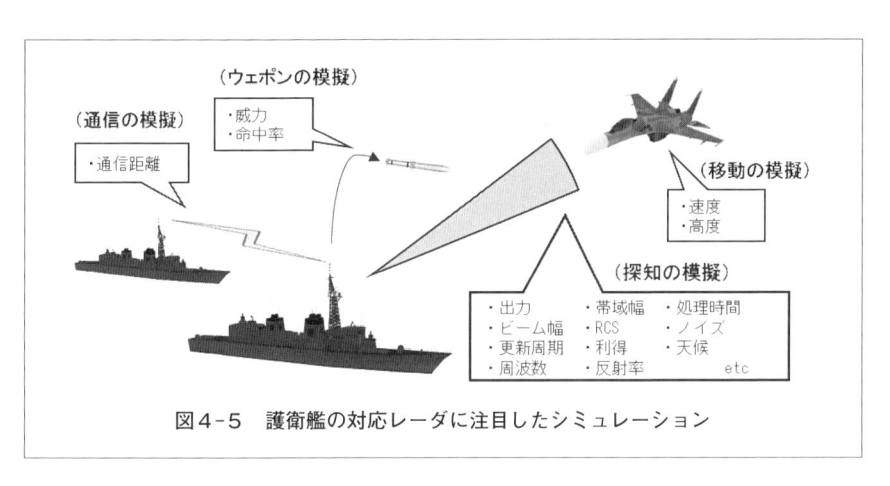

図4-5　護衛艦の対応レーダに注目したシミュレーション

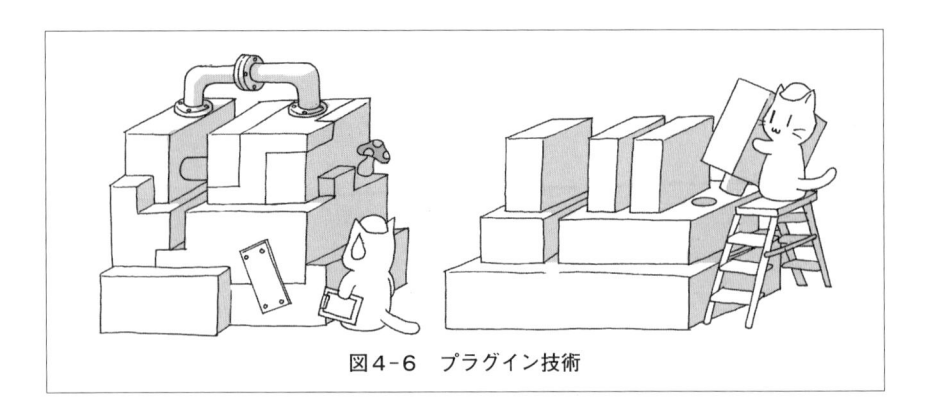

図4-6　プラグイン技術

た。しかし、いったんシミュレーションのソフトウェアが完成すると、ユーザー
からの想定外のニーズが発覚しても対応が容易にはできない。ソフトウェアは、
ある機能を実現するプログラムをまとめたモジュールの組み合わせでできてい
るが、モジュール同士の結合が強い設計では、プログラムの修正が他のモジュー
ルに及ぼす影響が大きいため、ソフトウェアを改修すると品質保証に要する試
験に膨大な手間と時間を要する難点がある[4-5]。

　将来的にこの問題を解決する手法の一つがプラグイン技術である。これは、
プログラムのモジュール同士のデータのやりとりの規格を定めたフレームワー
クを定める際に、規格化を徹底することで将来的なプログラムの追加、修正や
交換、再構築を容易にする発想である（図4-6）。これにより、ユーザーから
の改修要望への対応が容易になることが期待される。

（4）行動判断ルール

　SIMTOには訓練用のシミュレーションと異なり、ユーザーが装備品を操作
する機能は存在しない。装備品構想検討SIMは訓練目的のシミュレーションと
異なり、ユーザーがシミュレーション中に装備品を操作する機能は除外した方
が好ましい。なぜなら、操作者のテクニック等によって戦闘の結果が大きく左
右されると、本来の目的である装備品の機能や性能についての明確な評価が行
えなくなるためである。

条件文
(指揮:被攻撃フラグ) [DATA 次の値に等しい(指揮:true)]

条件を満たす場合
(指揮:回避モードフラグ) [DATA=(指揮:true)]
(指揮:回避方位(水平)) [DATA=(指揮:目標の左右方向)]

図4-7　行動判断ルールの設定例

　これを避けるためには、装備品のモデルは人間の操作に依存することなく自律的に行動する必要がある。すなわち、どういう条件でどういう行動を判断するかのルールをあらかじめモデルに設定しておくことで、結果の検証のための客観性や再現性を担保する。実際の戦闘様相をシミュレーションで表現するためには、移動と攻撃の最低限の設定に加え、さまざまなシナリオに柔軟に対応できる拡張性の高さを確保するとともに、ユーザーの使い勝手の良さにも配慮しなければならない。

　以上の理由から、SIMTOでは装備システムモデルの行動を判断するルールを、If-Then形式で表現する手法により実装した。この行動判断ルールは、条件文（If文）と条件を満たす際の処理文（Then文）および条件を満たさない場合の処理文（Else文）の三つから構成される。これらは、登場するモデル毎に設定されるとともに移動するポイント毎にも追加で設定することもできる。例として「攻撃されたら水平方向に回避する」行動判断ルールの設定例を図4-7に示す。SIMTOで使用可能な行動判断ルールの各項目は、設計の段階でユーザーの意見や活用対象を分析して実現している。さらに、ユーザーが頻繁に使用する行動判断ルールの事例を整理してデータベース化して活用されている。

1.3　結果をどう解析するか

　シミュレーションは、計算して終わりではなく、解析のプロセスも重要である。装備品構想検討SIMを活用する際は、シミュレーションを1回実施するだけではまず終わらず、複数の異なる条件のシミュレーションを実施し、結果を解析し、比較、検討することの繰り返しである。この章では、装備品構想検討SIMではどんなデータが得られ、どのように解析するかについて以下の三つの概念について述べる。

　・モデルの性能を変化させて結果に及ぼす影響を探るパラメトリックケーススタディ
　・得られた大量の結果データから有意な情報を得るデータマイニング手法
　・シミュレーションの結果の妥当性評価に関する留意事項

（1）パラメトリックケーススタディ

　装備品構想検討SIMを用いたシミュレーションでは、ある戦闘場面において、対象の装備品の特に注目する性能についていくつかの異なる条件を設定し、結果に及ぼす影響を評価する。すなわち、おおむねどの程度の性能を有していれば、戦闘において有用な結果が得られるかの見極めが構想検討において重要になる。なぜなら、実際の装備品の設計の際に、ある性能を高めすぎると他の性能の低下やコストの増大、整備性の悪化等により、総合的な性能の低下を招くため、最も適当な解を探るトレードオフの必要があるからである。そのため、多種多様な条件のシナリオを、長時間かけてシミュレーションする必要があり、ユーザーの負担は大きい。

　パラメトリックケーススタディ機能とは、性能評価に関するシミュレーションの実行および解析をある程度自動化することでユーザーの負担を軽減する機能である。例えば、ミサイルや魚雷の射程について検討したい場合、短い射程から長い射程までの条件を設定することにより、このシミュレーションが自動的に連続で実行されるので、ユーザーは得られた結果のデータの解析に集中

することができる。さらにこの機能を上手く使えば、ユーザーは帰宅前にシミュレーションの各種条件を複数設定して計算実行ボタンを押してから帰宅し、翌朝、職場に出てきて夜中のうちに終了した結果データの解析を行うこともできる（**図4-8**）。

図4-8　パラメトリックケーススタディ機能

（2）データマイニング

　シミュレーションで得られる大量のデータは、そのままではユーザーが理解することは難しく、何らかの価値のある情報が得られるように加工や解析が必要である。近年は大量のデータの中から思いもかけない有用なデータを発見できる可能性を秘めた、データマイニングと呼ばれるデータ解析の手法が注目されており、将来的には装備品構想検討SIMにも、これを用いることは有用と考えられる。

　シミュレーションの結果のデータは、以下のように大きく二つに分類され、時間とモデル毎に出力される。

　　・空間情報（位置・速度・姿勢）

　　・イベント情報（探知・攻撃・破壊など）

　このうちイベントは、得られた結果の有用性をユーザーが判断するのに重要であるが、一般的に出力される量が膨大なため、情報を整理して解析することが求められる（**図4-9**）。データマイニングの手法をこれに適用することで、以下の二つの効果が考えられる。

　　・大量のイベントのデータを半自動的に整理

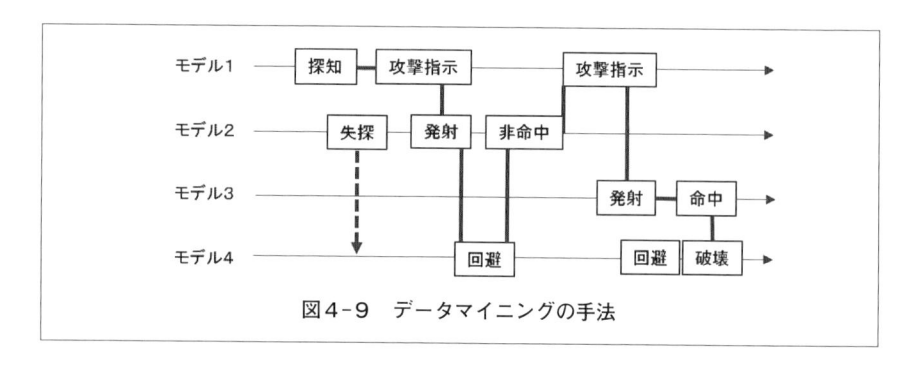

図4-9　データマイニングの手法

　・モデルが及ぼす影響の結果の提示

　例として、敵の車両の破壊に成功するかという事象について、火砲の射程やセンサの探知距離や速度といった条件が微妙に異なるシナリオを大量に用意した場面を考える。

　手作業では手に負えないほどの膨大な結果データの中から「探知→攻撃」のイベントに着目して、データマイニングにより自動的に解析して整理することで、「味方の偵察機が探知に成功すると、80％の確率で戦車が敵の車両を破壊できる」といった情報が判明したとする。もし、これがユーザーの事前の予想になかった思いもよらない有用な情報であり、例えば「ある条件下では、武器の射程よりもセンサの探知距離を向上させた方が敵をより確実に撃破できる」といった重要な知見につながれば、これは構想検討に貢献できる重要な技術となり得る可能性がある。

（3）結果の妥当性の評価

　最後に、装備品構想検討SIMに限った話ではないが、シミュレーションで得られた結果の妥当性をどう評価するかについて以下に簡単に述べる。

　・設計において定義したモデルをプログラムが正確に表現できているか
　　（Verification）。

　・現実をどの程度正確に表現できているか（Validation）。

　この二つは両者の頭文字を合わせてV&Vと呼称される[4-6]。前者はプログラ

ムの動作に間違いがないか理論値と比較・検証するデバッグ作業に近いが、装備品構想検討SIMにおいては、後者は具体的な検証の手法の段取りを付けることがなかなか難しい。この困難さを以下に三つ整理する。

- ・前項1.2で述べたようにある程度ざっくりとした模擬手法を取らざるを得ないため、最初からあいまいさを内包しており、どこまで許容できるかの線引きが困難。
- ・シミュレーションと同じ状況を実環境で再現して結果の差異を比較することが困難。
- ・具体的な性能値を把握することが困難（例：仮想敵国のステルス戦闘機の性能）。

シミュレーションを実施したユーザーは、簡略化した模擬内容が結果にどの程度影響するかについて把握し、シミュレーションの条件とともに提示しなければならない。なぜなら、装備品構想検討SIMは自由度が高いがゆえに、ユーザーにとって都合の良い結果を宣伝する道具になる恐れがあり、受け手にとって中身がブラックボックスでは結果に疑念を抱かれかねないためである。

また装備品構想検討SIMに限らずシミュレーションの結果は、実事象とのずれを考慮して補正する必要があり、得られた「数値」をそのまま鵜呑みにして設計や仕様に採用するのは危険である。ただし、得られた「傾向」に関しては、信頼性を担保するハードルは比較的低いため、将来の装備品の構想策定に有意な情報としてトレードオフ検討等に活用し得ると思われる。

自衛隊の装備品の研究開発への貢献を目的とした装備品構想検討SIMについて、対象の模擬と結果の解析に論点を絞り、その意義や関連技術、将来の展望について述べた。装備品の研究開発の現場を取り巻く環境の変化を鑑みるに、今後もシミュレーションの果たす役割はより重要性を増していくものと思われる。

2. 防衛装備シミュレーションモデルの開発プロセス

防衛分野において、現実世界を捨象してモデルを構築（モデリング）し、シミュレーションによって解析・評価を行うM&S（Modeling and Simulation）は、予算や人的資源・物的資源が限られた現実の状況において、コストの効率化が図れ、また確実性・再現性を有するため有効である。しかしながら、M&Sにおいては、その実施過程が適切であったか、かつ得られる結果が適切であるか等の、構築・使用したモデルを中心とした「正しさ」の十分な確保が、重要かつ重大な課題である。

ここでは、防衛装備に関連したシミュレーションモデルに焦点を当て、「正しさ」を確保するために行うVV&A（Verification, Validation and Accreditation）と呼ばれる開発プロセスについて説明した後、防衛装備庁において作成・維持改訂しているM&S開発基準を紹介する。

2.1 M&Sの課題

M&Sでは、目的に応じて、現実世界のさまざまな側面のうち注目する部分のみを抽出する。従って、目的に依存することとなり、抽象表現として構築されたモデルおよび模擬実験であるシミュレーションの出力結果も目的によって異なってくる。

目的を踏まえてM&Sを実施する際、対象とする現実世界のうち、人間

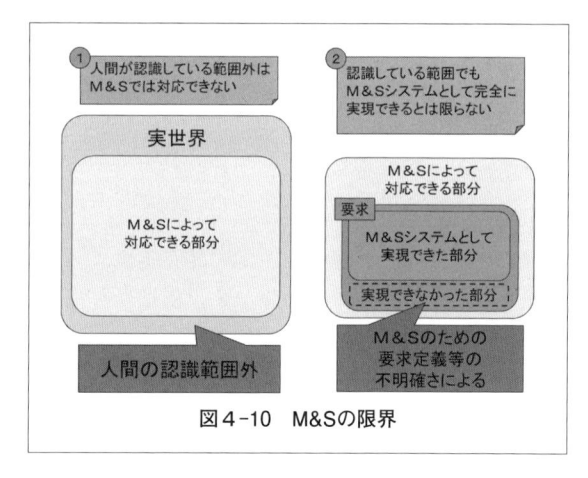

図4-10　M&Sの限界

が認識している範囲外には対応できず、また認識している範囲内であっても、それをソフトウェアとして期待通り実現できるとは限らない（図4-10）。これは、人間の認識範囲外にある事象はモデルとして表現することができず、モデルに入力するデータの種類・数値も決定できないからであり、M&Sで可能なことの限界を示すものである。またソフトウェアはプログラムとデータに大別されるが、人間の認識範囲内であっても、モデルを適切にプログラムとして実装できるとは限らず、またモデルに入力するデータを適切に準備できなければ入力が不正確となり、シミュレーションの出力結果も不正確となってしまう。そのため、M&Sの実施においては確認行為が必要不可欠であり、どのように確認行為を実行するかが課題となる。

2.2　VV&Aとは

　防衛装備に関連したシミュレーションモデルに対する確認行為は、検証・妥当性確認・認可に分類される。以下に各々の詳細を示す。

（1）検証
　検証（Verification）は「モデルを適切に構築したか」確認する行為である。具体的には、開発したシミュレーションモデルが、設計者の概念や仕様に対して設計したとおりに実装され、動作することを確認する一連の作業を指す。

（2）妥当性確認
　妥当性確認（Validation）は「構築したモデルが適切か」確認する行為である。具体的には、開発したシミュレーションモデルが、利用者が評価したい目的を達成する観点から、現実世界で発生する現象や装備品等の挙動等を再現できていることを確認する一連の作業を指す。

（3）認可

　認可（Accreditation）は「お墨付き」を与える行為である。具体的には、開発したシミュレーションモデルが、ある特定の目的に対して妥当であることを公式に認定する一連の作業を指す。認可は、検証・妥当性確認の成果を踏まえることが前提であり、M&Sの実施においては独立した組織によって公式な認定がなされることが求められる。なお米国以外では受入（Acceptance）の術語が使用されることもある。

　検証と妥当性確認を合わせて「V&V」と呼び、認可も加えて「VV&A」と呼ぶ。これらの確認行為は、M&Sの初期段階だけ、あるいは最終段階だけ実行すれば達成できるものではなく、シミュレーションモデルの開発プロセスの全体を通して実行する必要があり、従って開発プロセスとVV&Aは密接な関連性を有している。

2.3　開発プロセスとVV&A

　M&Sを実施したときに発生し得る過ちを分類すると、妥当なシミュレーション結果が受け入れられない（第一種の過誤、偽陽性）状況と、妥当ではないシミュレーション結果が信頼されてしまう（第二種の過誤、偽陰性）状況に大別される[4-7]。これらを回避するためにVV&Aを実行する。

　1990年代後半にVV&Aの呼称が普及する以前から、防衛装備シミュレーションモデルに関する確認行為は課題であった。その難しさに関する例え話として「スキーに行って、楽しんでこい」がある。スキーを楽しんでくるように指示を受けたとき、スキー旅行を実施することはできても、楽しかったことを他者に話して伝えるのではなく、それを立証するのは容易ではない。客観的に立証することを考えると、プロセスを通した確認行為が要求される。

　例えば、予算や自身の能力、所要時間等を考慮して場所・移動手段を、また現地で必要となる道具・利用形態を選定し、それらの選定が結果的に適切であっ

たか否かを個別に確認して示す必要がある。その上で、スキーを滑った結果が事前の期待通りであったことを説明し、要求されそうな場合にはビデオ等の証拠映像（動画）も示し、指示元の承認を得られれば完了である。M&S実施時の過ちに置き換えると、楽しんだことを納得されないのが第一種の過誤で、実際には楽しくなかったのに楽しんだことにされてしまうのが第二種の過誤である。

VV&Aには、開発プロセスの全体を通した実行が必要不可欠であるが、使用目的が正確に定まっていることも要求される。例えば「戦闘環境の模擬」だけでは抽象的すぎて不十分であり、具体的な使用事例および評価指標を引き出せるような使用目的でなくてはならない。使用目的が明確であれば、開発プロセスの各々の段階で実施する検証・妥当性確認の内容を明確化でき、最終的に認可するまでの段階ごとに発生し得る必要な補正を適切に実行可能となる。

またM&Sシステム自体が現実世界のシステムを捨象して構築したシステムである以上、VV&Aの実行を通して「現実世界と完全に同一」と立証することは原理的に不可能である。加えて、VV&Aの確認行為にはドキュメントの作成、モデルに入力するデータの準備等を含んだ作業コスト（経費・時間）を必要とし、そもそも予算や人的資源・物的資源が有限であることがM&Sを実施する理由の一つである以上、無限に確認行為を実行できるわけではない。例えば、既存のシミュレーションモデルを使用する場合、それらを対象外とするようにVV&Aの範囲を見極めるとともに、既存の規格、基準等を活用することで、いわゆる「車輪の再発明」（すでに存在しているものを一から作り直すこと）を防ぎ、効率化を図る必要がある。

VV&Aの検証・妥当性確認・認可のうち、認可は検証・妥当性確認の成果を踏まえて組織としての決定を下す手続き的な確認行為であるため、技術的な手法を適用できる範囲は検証・妥当性確認の段階までとなる。V&Vの技法は以下に分類される[4-8]。

（1） 非形式的技法

　非形式的（Informal）技法は、数学的に定式化されていない、人間の推論や主観的評価に基づくアプローチを指す。机上検討による点検、レビュー、ウォークスルー等の技法が該当し、SME（Subject Matter Expert）と呼ばれる当該分野の専門家が主体となって実施する。

（2） 静的技法

　静的（Static）技法は、直接プログラムを実行することなく、静的にシミュレーションモデルの設計の妥当性を評価するアプローチを指す。ソースコードの構文解析・意味解析、データフロー解析、インタフェース解析等が該当する。

（3） 動的技法

　動的（Dynamic）技法は、プログラムを実行したときの挙動について評価するアプローチを指す。各種のソフトウェアテストに加えて、シミュレーションモデルの入力パラメータを変更したときの動作に与える影響を調べる感度分析、他のシミュレーションモデルや現実世界のデータと比較する比較試験等も該当する。

（4） 形式的技法

　形式的（Formal）技法は、数学的に定式化されたアプローチを指す。ラムダ計算、述語論理、定理証明等が該当し、形式的に証明できる最も効果的な技法であるが、防衛装備に関連したシミュレーションモデルでは、モデルの挙動・モデル間の相互作用が複雑であるため、多くの場合において形式的技法は適用されていない。

　上記の技法にはソフトウェア工学の品質保証と共通する部分も多く含まれ、M&Sにおいてはソフトウェアとして複雑なM&Sシステムが必要とされる状況も多く、これらの技法を適切に活用して効率的にM&Sを実施すべきと考えら

れる。

2.4　VV&Aの動向

　VV&Aに関連する規格としては、1997年に分散リアルタイム防衛シミュレーションの規約であるDIS（Distributed Interactive Simulation）の実施におけるVV&AがIEEEの試行的な推奨基準として策定された[4-9]。その後、2003年に分散シミュレーションの統一的な規約であるHLA（High Level Architecture）のフェデレーション（HLAにおけるシミュレーション）開発と実行のプロセスを体系化したFEDEP（Federation Execution and Development Process）がIEEEの推奨基準として策定され[4-10]、2007年にFEDEPの各々のフェーズで実行すべきVV&Aの個別のプロセスを網羅的に上掛け（Overlay）して示したガイドラインが、同じくIEEEの推奨基準として策定された[4-11]。2010年には、FEDEPの後継に相当し、一般的な分散シミュレーションに適用範囲を拡大したDSEEP（Distributed Simulation Engineering and Execution Process）がIEEEの推奨基準として策定されている[4-12]。

　これらの推奨基準は、M&Sの計画段階から最終的な認可までのライフサイクルを対象とした分析がなされていて、各々のフェーズで必要となる情報、実施すべき作業、期待される成果等を規定している。

　また米国防総省のM&Sに関する調整部署であるM&SCO（Modeling and Simulation Coordination Office）では、ガイドラインとしてVV&A RPG（Recommended Practice Guide）を公開して、VV&Aに関連したさまざまなトピック、技法・手法を含むドキュメントを掲載している[4-13]。欧州ではVV&Aのフレームワーク・方法論を制定することを目的にREVVA（Referential for VV&A）の検討がなされ、最初のREVVA-1は2004年から2005年に、二回目のREVVA-2は2006年から2007年にかけて検討された[4-7]。受入基準（Acceptance Criteria）を起点とした開発プロセスと成果物に関して規定している。

　M&Sの相互運用性（Interoperability）と再利用（Reuse）を推進する国際

組織のSISO（Simulation Interoperability Standards Organization）では、前述のIEEE規格を検討するとともに、V&Vの包括的な方法論であるGM-VV（Generic Methodology for Verification and Validation）の手引書を公開している[4-14]。GM-VVの検討には、前述のREVVAに関与していたNATOのM&Sグループが参加し、特色としては、予見できない追加要素、制約条件等に対する修正（Tailoring）のフレームワークを規定している。

2.5 M&S開発基準

　防衛装備庁（旧：防衛省技術研究本部）では、装備品等の効果的かつ効率的な研究開発実施の資とするためにM&Sの積極的な利用の推進、今後、研究開発するM&Sシステムに係る知識・モデル等の資産の共有化、ならびにこれらを実現するための体制整備の目標、指針および基準を定めることを目的としたM&Sガイドラインを策定している[4-15]。M&S開発基準はM&Sガイドラインに従い、シミュレーション統合システム（SIMTO）の研究試作で初版を作成し、模擬対象を防空に特化した統合防空システムシミュレーション（**図4-11**）の

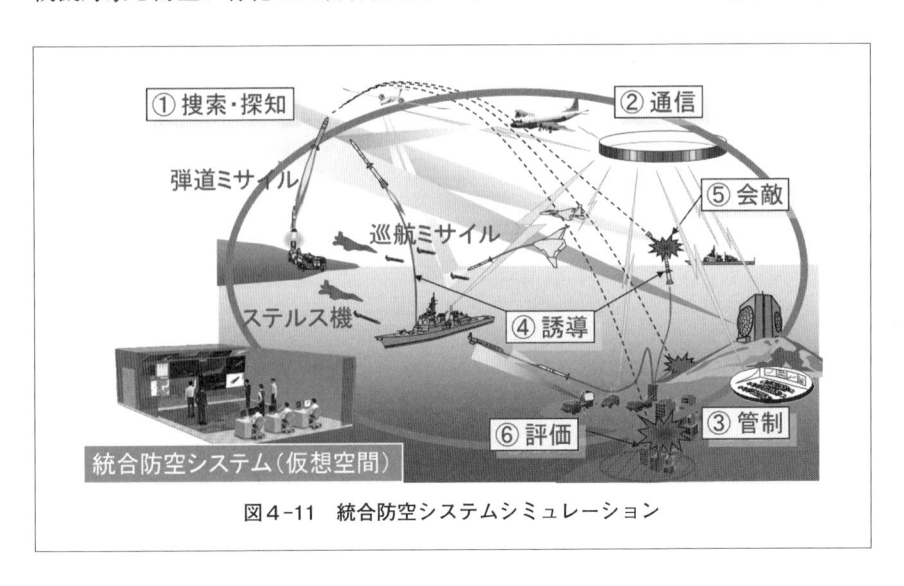

図4-11　統合防空システムシミュレーション

研究試作で実際に活用しつつ改訂を実施したドキュメントである。

M&S開発基準の作成にあたっては、M&Sおよびソフトウェア開発に関連する国際標準・国内標準を骨格としている。特に、IEEEのM&S実施およびVV&Aに関する推奨基準と、JISのソフトウェア・ライフサイクル・プロセスを融合させた点を特徴とする。

M&S開発基準は、M&Sに関わる全員が把握すべき要点をまとめた要約書と、以下のドキュメントから構成される（図4-12）。

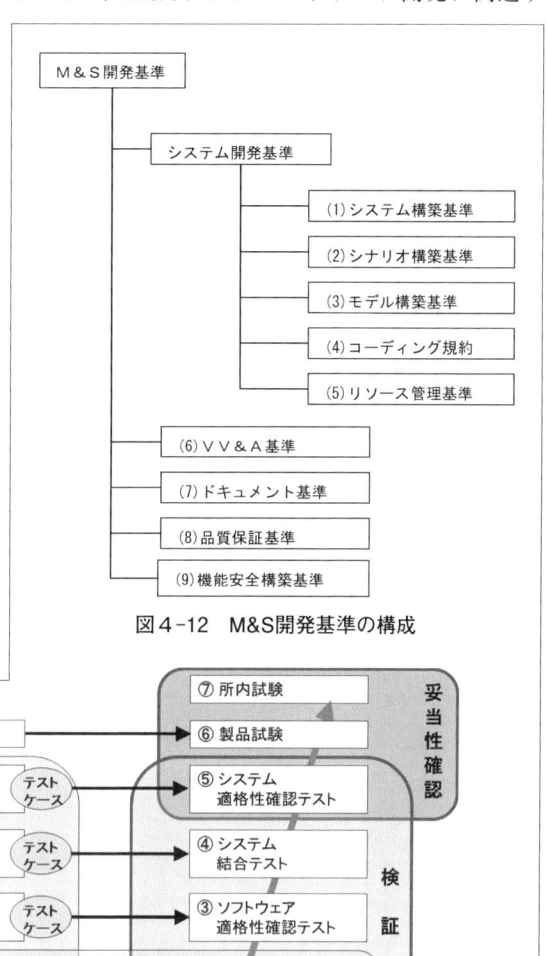

図4-12　M&S開発基準の構成

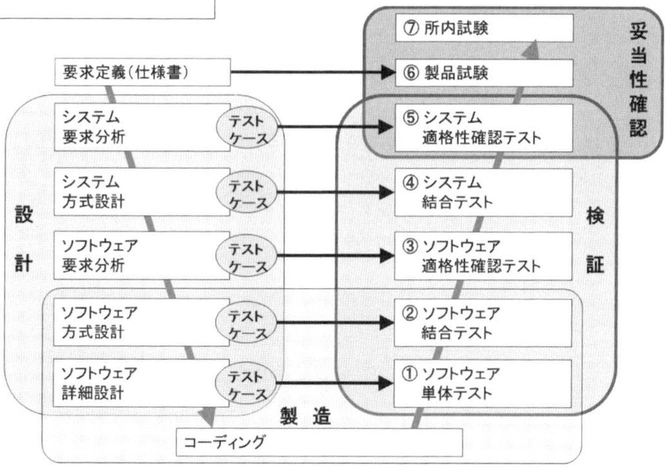

図4-13　M&S実施プロセス

（1） システム構築基準

システム構築基準では、設計・製造および検証・妥当性確認に関するM&S実施プロセス（**図4-13**）を規定し、各々のフェーズで実施する作業項目と作業内容を規定するとともに、フェーズごとの成果物と審査の基準等を規定している。

（2） シナリオ構築基準

シナリオ構築基準では、M&Sにおけるシナリオ構築を容易にし、再利用性を向上させるため、シナリオ構築の具体的な手順と、シナリオを表現するのに必要な記述内容および記述フォーマットを規定している。

（3） モデル構築基準

モデル構築基準では、シミュレーションモデル構築を容易にし、再利用性を向上させるための構築手順と、模擬対象の概念モデルを表現するのに必要な記述内容および記述フォーマットを規定している。

（4） コーディング規約

コーディング規約では、C++言語およびJava言語のコーディング作法およびコーディングルールを規定している。その目的は、プログラム・ソース・コードの属人性を排除して品質のばらつきを低減し、信頼性、保守性および移植性の高いプログラムを作成するためである。

（5） リソース管理基準

リソース管理基準では、M&Sリソースの蓄積・保守管理を容易にし、M&Sリソースを効率的に活用していくための枠組みを規定している。M&Sでは、既存のシミュレーションモデルの設計資料、ソースコード等を再利用することでモデリング等の実施に極めて役立つため、M&Sリソースを適切に管理し、再利用を図ることが必要不可欠である。

（6）VV&A基準

　VV&A基準では、M&Sの目的に対する検証・妥当性確認・認可を行うために必要な技法とプロセスを規定している。M&Sでは妥当性確認のため、開発するシミュレーションモデルで得られる結果が既存のシミュレーションモデルが出力する結果と「同等」であるかを確認する行為をアンカリング（Anchoring）と呼ぶことがあるが、同等であることを評価・立証するための方法に関しても記述している。

（7）ドキュメント基準

　ドキュメント基準では、プロセス実施の過程で作成されるドキュメントを体系付け、各々の構成と記述すべき項目を規定している。その目的は、属人性を排除した品質の高いドキュメントを作成するためである。

（8）品質保証基準

　品質保証基準では、品質管理計画書の作成基準、ソフトウェアの品質に対する定量的要求を行うための品質特性の定義および品質レビューに関する事項を規定している。またユーザビリティ（使い勝手）の高いソフトウェアを取得するための設計プロセスを定義し、工学的なユーザビリティ評価の具体的手法に関しても記述している。

（9）機能安全構築基準

　機能安全構築基準では、機能安全に関わるハードウェアおよびソフトウェアのライフサイクルを規定している。機能安全とは、安全に関連する機能によって危険事象のリスクを許容以下にすることを指し、ハードウェア・イン・ザ・ループのシミュレータ、実動部隊と組み合わせた訓練・演習システム等において安全関連系を構築する作業が対象である。

　これらの基準は、装備品等の研究開発における防衛装備シミュレーションモ

デルに主眼を置いたドキュメントで、個別のM&S実施において重要となる基準を選択して活用することも企図して作成している。またVV&Aの技法と同様に、ソフトウェア工学の品質保証と共通する部分も多いため、例えばコーディング規約や品質保証基準はM&S以外のソフトウェア分野においても利用可能である。

　防衛装備シミュレーションモデルに係る開発プロセスに関して述べ、M&S開発基準を紹介した。効率的かつ適切なVV&Aを実行する上で、既存のM&S実施で得られた成果は有用であり、より洗練された技法の適用とともに知見の活用が必要不可欠である。

3．環境・防災シミュレーションの技術動向

　昨今の東日本大震災の巨大津波や福島第一原子力発電所の原子力災害のほか、わが国は毎年のように台風、集中豪雨、土石流、火山噴火等によって、大きな人的・物的被害を被っており、発災初期での迅速な対応が喫緊の課題である。

　その対策の一つとして、環境・防災シミュレーションの有効活用が挙げられる。これは自衛隊の本来任務と位置付けられている大規模・特殊災害対処（災害派遣、地震防災派遣、原子力災害派遣）の際、災害に起因する各種リスク対策の優先順位付けや意思決定の分析評価に必要不可欠なものといえる。

3.1　災害の分類

　災害対策基本法では、災害とは暴風、豪雨、豪雪、洪水、高潮、地震、津波、噴火その他の異常な自然現象または大規模な火事もしくは爆発その他の及ぼす被害の程度においてこれらに類する政令で定める原因により生ずる被害と定義されている。

　これを発生原因別に整理すると[4-16], [4-17]、大きく自然災害（自然現象に起因）と人為災害（人間行動に起因）の二つに分類され、さらに時間スケールを考慮すると、短期的なもの（急激に進行）と長期的なもの（継続的に発生）に分類される（表4-1）。

　ここでは、近い将来発生が懸念されている南海トラフ巨大地震や首都直下型地震等の広域複合災害やそれに起因する特殊災害への対

表4-1　災害の分類

発生原因＼時間スケール	短期的 （急激に進行）		長期的 （継続的に発生）	
自然災害	地震・津波、火山噴火、洪水浸水、土砂災害等	○	異常気象（早魃、長雨、冷害、猛暑等）	×
人為災害	事故・事件（航空機事故、海難事故、火災、爆発、有害化学物質、放射性物質の放出、テロ等）	○	事故・事件（有害化学物質、放射性物質の滞留、汚染等）	△
			環境問題（大気汚染、河川・海洋汚染、気候温暖化、砂漠化、オゾン層破壊等）	×

※　必要（○）、一部必要（△）、不要（×）

159

処を念頭に置き、自衛隊の活動が想定される急激に進行する自然および人為災害の対策に利用できる環境・防災シミュレーションの技術動向について各国の取り組み状況を含めて整理する。

3.2　環境・防災シミュレーションの概要

現実問題として広範囲で甚大な被害をもたらす自然災害を野外実験によって再現し、その影響を実験的に評価・予測することは不可能であるため、技術的進展の著しい計算機シミュレーション技術を積極的に活用した解析・予測技術は大規模・特殊災害対処に必要不可欠といえる。

表4-2にシミュレーション実行に最低限必要な入力条件と主要な出力データを災害の種類ごとに整理したものを示す。これらは各種被害予測や避難行動計画策定を含むリスク分析・評価の評価指標としてだけではなく、災害・防災分野以外の各種シミュレーションの環境モデルパラメータとして利活用できるものである[4-18]。

表4-2　環境・防災シミュレーション実行に必要となる入出力データの概要

災害種類			シミュレーション実行に必要な入力条件	主要出力データ
自然災害	地震・津波災害	強震動	震源、規模、地質、地盤構造	加速度分布、震度分布、液状化発生分布
		越波	陸域地形、波高、継続時間、越波量	遡上高、浸水深、到達距離、到達時間、流速、波力
	火山・噴火災害	溶岩流	大気データ、地形、地質	堆積厚、流下範囲、流速
		噴石火山弾	山体構造	到達距離、速度、衝撃力
		降下火砕物	山体構造、大気データ	到達距離、堆積厚
		火山泥流	降雨量、火山灰堆積量、地形データ	流下範囲、堆積厚、流速
		火砕流	山体構造、大気データ、地形データ	到達距離、速度、温度、堆積厚
	洪水・浸水災害	外水氾濫	河道流量、破堤形状、氾濫域地形データ	氾濫流量、浸水深、氾濫範囲、流速、到達時間
		内水氾濫	流域地形、排水施設諸元、河道流量	氾濫流量、浸水深、氾濫範囲、流速、到達時間
	土砂災害	土石流	降雨量、地形・地質、植生等、河道流量、流速、掃流力	流出土砂量、流出堆積厚、到達距離
		地滑り	降雨量、地形・地質、植生等、河道流量、間隙水圧	滑り形状、崩落土砂量、到達距離
人為災害	CBRNEテロ	化学剤テロ	敵対目標データ(市街地建物形状・位置、建物内部構造・空調設備)、有害化学物質の種類、敵布方法、敵布量、敵布時間	化学剤濃度分布、曝露量(＝濃度×曝露時間)、半数致死曝露量(床面容器からの時間敵布)
		生物剤テロ	敵対目標データ(市街地建物形状・位置、建物内部構造・空調設備)、生物剤種類、撒布方法(空調換気条件、曝露形式)、撒布量、撒布時間	生物剤濃度分布、放出菌量(換気系)、吸入芽胞数(1人単位)、(給気ラインに一定時間混入)
	特殊災害	原子力災害	地形／大気データ(風向、風速、降水量、大気安定度)、放射性物質種類、放出率、放出量、放出方法・時間、放出源位置・高さ	放射性物質濃度分布、到達距離
		化学災害	地形／海象／大気データ、漏出化学物質種類、漏出量・方法、漏出源位置	漏出化学物質濃度分布、到達距離
		油流出災害	地形／海象／大気データ、油流出量・方法、油流出源位置	油流出範囲、到達距離

　表4-3に自然および人為災害に関する環境・防災シミュレーションの現状の技術動向と課題を調査分析した結果を示す[4-19], [4-20]。

　地震災害の場合、断層運動による地震波の伝播解析はかなり充実しており、実用段階に入りつつあるが、今後は動的応答解析、高速演算処理技術、建物への液状化の影響の考慮等が課題として挙げられる[4-21]。

　津波災害の場合、浅水長波近似による2次元水面波解析による遠地津波の伝播問題はすでに実用段階であり、更なる大規模モデルへの適用が試行されている一方、今後は近地津波の3次元NS（Navier-Stokes）方程式による水面波解析の精緻化とともに、津波の陸上遡上の際の漂流物の衝撃力評価が重要となる[4-22]。

　火山・噴火災害の場合、溶岩流の流下・拡大解析は技術的に確立しているが、今後はLES（Large Eddy Simulation）を用いた噴煙柱の非定常解析（降雨の影響を考慮したモデル化）、火山灰の移流拡散問題における噴煙柱モデルとの連携等が課題として挙げられる[4-23], [4-24]。

表4-3　環境・防災シミュレーションの技術動向の概要

災害種類		現状の技術動向		課題
		シミュレーション技術の内訳	成熟度	
自然災害	地震災害	①地震の発生機構・予測、震源域の解明 ②断層運動に起因する地震波伝播解析 ③地盤の揺れを予測する強震動シミュレーションが可能 ④地震動の建造物への影響の算定	◎	静的なプレート運動から動的な応力解放、破壊進展に伴う断層運動のモデル化 今後は動的弾性応答解析、大規模モデルに対応した高演算処理が必要 地震波の散乱や吸収、地盤による地震波の増幅と減衰のモデル化 地盤の性質、液状化の効果の考慮
	津波災害	①海底の変動に伴う津波の発生予測 ②遠地津波の伝播 ③近地津波の増幅と海岸への到来 ④津波の陸上への遡上	◎	擾乱による流体運動の励起の予測が困難 浅水長波近似による2次元水面波解析の大規模モデル化 NS方程式による3次元水面波解析の精緻化 漂流物の衝撃力評価　例）波浪2相流−構造連成解析技術（粒子法適用）
	火山噴火災害	①マグマの蓄積から火山噴火の発生予測 ②噴火発生過程のシミュレーション（3次元圧縮性気液2相流） ③溶岩流の流下、拡大解析 ④噴煙柱の非定常解析（強制プルーム型、横風、部分崩壊） ⑤火山灰の移流・拡散・沈降解析（地表面堆積、大気拡散） ⑥火砕流や懸濁の流動、伝播、拡大解析	× △ △ △ △ △	地下のマグマの状況把握が困難 高性能流体により格子依存性が大きく、詳細計算が困難 高性能流体、冷却による精度化の更なる精緻化 噴煙柱内部におけるモデル精度向上（気体の応力・乱流熱拡散）、LES 複雑地形で精度劣化、噴煙柱モデルとの連成、火山灰粒子の凝集、降雨の考慮 圧縮性気液2相流の流動、衝撃力評価
	洪水浸水災害	①準二次元解析（氾濫原と河道を一元化） ②街路ネットワークモデル（市街地で建物や道路の影響） ③2次元浅水流の氾濫解析（非構造、有限要素法） ④家屋の流失危険範囲の予測も含めた破壊氾濫解析 ⑤都市型内水氾濫シミュレーション （都市内浸水地域の時間変化、排水能力評価）	○ △ △ △ △	構造物や道路の影響の考慮が困難 経験則を多用（抵抗則：Manning則、粗度係数）、家屋に作用する流体力の推算 家屋群の挙動解析、格子生成の負担大 実際の洪水氾濫の再現計算による検証が困難 排水モデル（下水道網）、内水氾濫モデル（地表面）と地下構造物（地下街／地下鉄）とのリンク
	土砂災害	①混合物流れ（水、砂粒子：単一粒径）に連続体モデルを適用 ②複数粒径を含む土石流に非連続体モデルを適用（個別要素法）	× △	広い粒度分布、個別粒子の挙動が重要となる場合に対応不可 複数粒径の土砂粒子間摩擦係数、固相分布に依存するためのモデル化
人為災害	CBRNEテロ	①民生分野の関連する環境シミュレーション技術は実用段階へ （屋内空調、大気環境アセスメント、原発事故） ②他分野（海洋・気象）でのデータ同化技術の活用	○ △	乱流モデルはRANS（定常）からLES（非定常）へ移行、GISデータ変換手法（格子生成の効率化）、初期・境界条件の精緻化（植生、気象、日照等） シミュレーション結果の実測値による精査（4次元変分法）、乱流モデル定常を最適化への適用（逐次処理）
	特殊災害	①防災シミュレーション技術の大規模化・広域化 （避難計画、ハザードマップ作成、各種リスク評価の策定）	○ △	VR技術の活用によるHQCの実現（人間の避難行動を正確に把握）、マルチエージェントモデル（避難行動モデル）の大規模化、確率論的リスク評価方法の導入

※ 十分（○）、進展中（△）、不十分（×）

　洪水・浸水・土砂災害の場合、氾濫原と河道が一体化した準２次元解析が主流であり、モデルの改良が進んでおらず、今後は破堤氾濫解析の再現計算による標準モデルによる更なる精度検証とともに、都市型内水氾濫シミュレーションにおける浸水・排水モデルと地下構造物との連携、複数粒径を含む土石流モデルの精緻化が課題として挙げられる[4-25]、[4-26]。

　CBRNEテロおよび特殊災害の場合、屋内空調・換気系、大気環境アセスメント等の民生分野ですでに実用段階である環境シミュレーション技術が使用されており[4-27]、今後は定常解析のRANS（Reynolds Averaged Navier-Stokes）からLESによる非定常乱流解析への移行[4-28]、植生、気象、日照等の考慮、実測値・観測値によるシミュレーション結果の高度な同化技術（４次元変分法）[4-29]、避難シミュレーションとの連携[4-30]等が課題として挙げられる。

　その他、共通課題として、GIS（Geographic Information System：地理情報システム）データの活用[4-31]、避難行動計画・ハザードマップ・リスク評価策定のための環境・防災シミュレーション技術の大規模化・統合化[4-32]、人間の避難行動パターンを正確に把握するためのVR（Virtual Reality：仮想現実感）技術を活用したHQC（High Quality Computing：高品質計算）の実現[4-33]、人間の避難行動モデルを組み込んだマルチエージェント・シミュレーション[4-34]、確率論的リスク評価方法[4-35]の整備等が挙げられる。

　GISはデジタル化された地理空間情報（空間位置情報と属性情報から構成される）を用いて電子地図上で一体処理し、総合的に視覚的表現、高度分析等の判断を迅速に行うための情報システムである。これは1995年１月の阪神淡路大震災の反省を踏まえ、リアルタイムで被災・復旧状況等を把握する必要性から国土空間データ基盤の整備を図るため、政府の防災対策として本格的な取り組みが開始されたものである。

　環境・防災シミュレーション分野においてもGIS空間位置情報と建物および道路形状データと組み合わせることにより、市街地モデルの設定が容易となり、結果として作業負担が膨大な計算格子生成作業の省力化が図られ[4-36]、解析効率全体の向上に寄与することが可能となる（**図4-14**）。

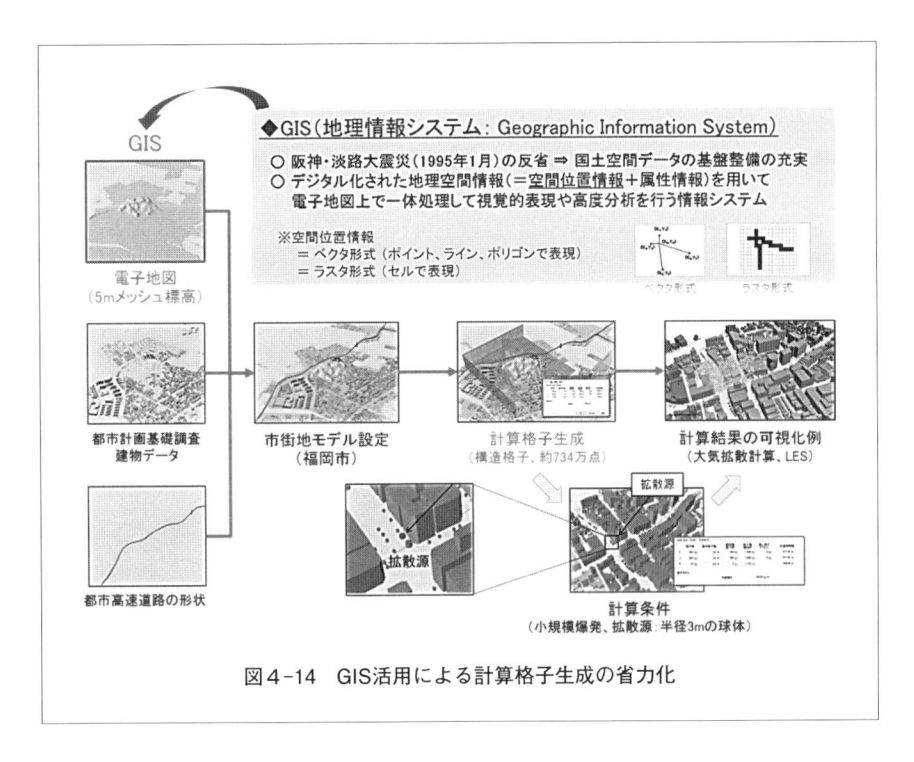

図4-14　GIS活用による計算格子生成の省力化

　確率論的リスク評価方法（Probabilistic Risk Assessment：PRA）とは、原子力発電所、航空機、宇宙ロケット等の大規模・複雑システムの安全性や信頼性を発生可能性のあるすべての自然災害・人為災害を対象として、その発生頻度と影響度を確率論に基づき定量的にリスク評価する方法であり、大規模システム内の設備間の相互影響や複数の事故シナリオを網羅的に評価することが可能となる。特に、PRAは地震で発生した内部浸水や内部火災、さらに地震や津波の爆発・火災が重畳的に加わったような複雑多岐な事故シーケンスに有効に対処するため、原子力発電所のリスク管理・評価用ツールとして活用されている[4-35]。

　2011年3月の東日本大震災では莫大な経済的損失（約16.9兆円）に伴って多額の損害保険金の支払（約2.7兆円）が生じた。今後、発生が懸念されている南海トラフ巨大地震等の数百年に一度の発生確率の巨大災害を想定した場合、

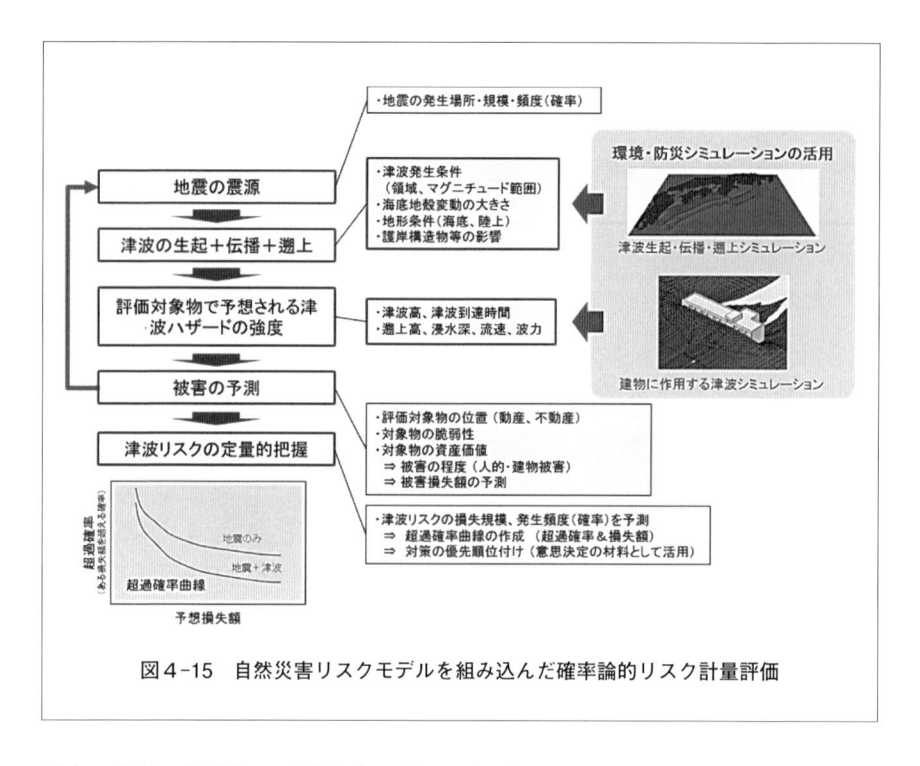

図4-15　自然災害リスクモデルを組み込んだ確率論的リスク計量評価

過去の文献や堆積物の地質調査に基づく統計データではリスク分析・評価に不十分である。現在では、保険会社のシンクタンクが中心となって、環境・防災シミュレーション（例：津波遡上シミュレーション等）を活用した理論的手法（リスク分析・評価）による「自然災害リスク（CATastrophe：CAT）モデル」を組み込んだ「確率論的リスク計量評価」が提案されている[4-37]。

　ここで、CATモデルとは、Risk（損失の大きさと確率）をExposure（評価対象物）、Hazard（外力：災害の大きさ・強度推定）、Vulnerability（脆弱性：被害推定）の関数で定義されたものである。その結果、当該手法を活用して、最終的に巨大災害によってどの程度の損失がどれ位の頻度（確率）で発生するか否かを定量的に予測可能となるので、各々のリスクに対して優先順位を付けて意思決定することが期待できる（図4-15）。

3.3　各国の取り組み状況

　各国の保有する環境・防災シミュレーションは、それぞれの国で見舞われる自然災害や人為災害の頻度の多寡や災害の種類に依存し、各々の自然的・地理的・社会的条件に大きく左右される。このような災害対処関連技術は国内外ともに公共性の高い分野であり、その多くが国または公的研究機関、大学で実施され、現象のメカニズムの解明を目的とした学術的側面が大きい。そのような状況の下、環境・防災シミュレーションについて、各国の現状の取り組み状況を以下に示す[4-38], [4-39]。

（1）日本

　わが国は、地震・津波災害、火山・噴火災害、洪水・浸水・土砂災害等といった防災・減災関連技術の全般にわたって、世界を主導している。

　地震・津波災害および火山・噴火災害では、かなり以前から地震予知を目的とした現象解明のための環境・防災シミュレーションを含む研究プロジェクトが文部科学省を主導として実施されている。例えば、「地震予知計画」（第1次～第7次：1965～1998年度）、「地震予知のための新たな観測研究計画」（第1次、第2次：1999～2008年度）、「大都市大震災軽減化特別プロジェクト（大都市圏地殻構造調査研究計画）」（2003～2007年度）「火山噴火予知計画」（第1次～第7次：1973～2008年度）が挙げられる[4-38]。

　気象庁では、非静力学モデルを用いた火山灰の移流拡散シミュレーションによる降灰予測システム（721×577分割、格子間隔5km、鉛直方向約20kmまで50層）を開発し、2009年度から実運用を開始しており、火山灰による航空機事故を防止するために降灰状況を監視・解析している空路火山灰情報センター（Volcanic Ash Advisory Center：VAAC）に情報提供を行っている。

　国土交通省、気象庁、防災科学技術研究所等の国内防災研究機関では、火山・噴火災害を効果的に軽減させるため、溶岩流、火砕流、噴煙等の火山噴火現象の数値シミュレーションを実施して、災害発生範囲や程度を予測するとともに、

出典：文部科学省ホームページ
(http://www.mext.go.jp/component/b_menu/shingi/toushin/__icsFiles/afieldfile2013/07/10/1337600_2.pdf)
を加工して作成

図4-16　スーパーコンピュータ「京」を用いた環境・防災シミュレーションの
　　　　大規模化・統合化

リモートセンシングによる温度、火山ガス分布等の観測結果をリアルタイムで
シミュレーションに反映した次世代型のリアルタイム・ハザードマップの作成
を目指している[4-40]。

　文部科学省では、HPCI戦略プログラム分野3「防災・減災に資する地球変
動予測」（平成24年9月開始）の枠組みの中で、将来の広域複合災害に対処可
能な「統合地震シミュレータ」の整備を目指しており、スーパーコンピュータ
「京」を用いた地震・津波災害の予測精度の高度化に関する研究[4-41], [4-42]を推
進している（図4-16）。

（2）米国

　米国では、必ずしも予知を目的としない地震災害発生メカニズム解明を目
的としたプロジェクトや地震発生後の被害軽減を目的とした防災分野のプ
ロジェクトが多い。2005年8月のハリケーン・カトリーナ以降では、WMO

（World Meteorological Organization：世界気象機関）と連携し、米国自らが国際的プロジェクトの中心となって、ハリケーンの予測に関する研究を実施している。

例えば、代表的なプロジェクトとして、地震被害軽減のための国家プロジェクトである NEHRP（National Earthquake Hazards Reduction Program）、南カリフォルニアにおける早期地震警報システム TriNetの開発（1997年～2002年）、火山噴火予知の総合的プロジェクトである Volcano Hazards Program（1980年代前半～）、ハリケーン・サイクロン・豪雨等の気象災害の総合的な気象関連予報・予測技術の開発プログラムである U.S. Weather Research Program（USWRP、2000～2006年度）等が挙げられる。

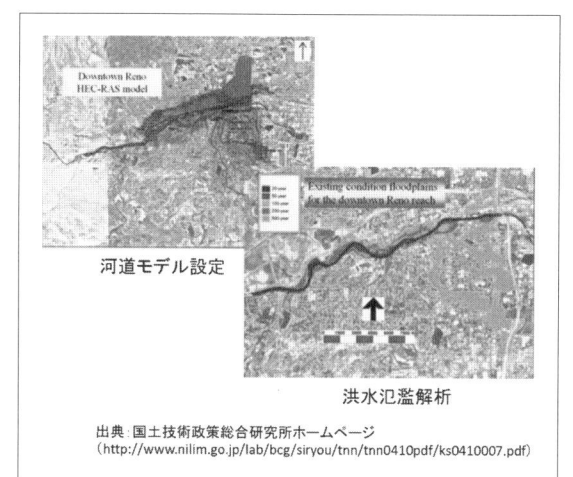

河道モデル設定

洪水氾濫解析

出典：国土技術政策総合研究所ホームページ
（http://www.nilim.go.jp/lab/bcg/siryou/tnn/tnn0410pdf/ks0410007.pdf）

図4-17　米陸軍工兵隊水文工学センターのHECソフトウエアを用いた洪水氾濫解析例

洪水・浸水災害では、米陸軍工兵隊水文工学センター（Hydrologic Engineering Center：HEC, USACE）で研究開発されたHECソフトウエア（HEC-FDA：洪水被害解析モデル等、90種類以上）が全米で広く公開・使用され、わが国をはじめ、伊国、韓国等でも広く活用されている[4-43]。このHECソフトウエアはCWMS（工兵隊水管理システム）を連接することによって、リアルタイム予測が可能となる（図4-17）。

（3）欧州各国

欧州では、大規模な地震活動の発生地域は限定されており、地震・噴火災害の研究開発プロジェクトは地震活動が活発なギリシャを対象としたものが多

い。例えば、2000年～2002年の仏国・伊国・英国・ギリシャが参加したEUプロジェクト「統合的地震ハザード評価手法および地震観測機器の開発」、2002年からの仏国、オーストリア、英国、伊国、スペイン、ポルトガル、ギリシャの「欧州の火山噴火予知のための早期警戒ネットワーク開発」が代表的なものである。

最近では、2010年のエイヤフィヤトラヨークトル火山の噴火（アイスランド）の際、英国気象局（United Kingdom Meteorological Office：UKMO）の拡散モデルを用いた火山灰拡散シミュレーション[4-44]で火山灰濃度分布を予測し、飛行禁止領域の策定に資するヨーロッパ・北大西洋地域での航空路火山灰情報の補助情報として活用されている。

また、洪水・浸水災害では、英国を中心とした各国協力体制（仏国、ギリシャ、独国、デンマーク、オランダ、伊国、スペイン）で実施したEUプロジェクト「洪水リスクの評価と緩和のための降雨集水モデリングの開発」が挙げられる[4-38]。

今後の環境・防災シミュレーションでは、非定常シミュレーション、観測値による高度なデータ同化、大規模化・統合化がより一層推進されると予測される。

特に、内閣府では、南海トラフ巨大地震や首都直下型地震の切迫性が高まる状況で、地震・津波以外の超巨大台風・ゲリラ豪雨・竜巻等の自然災害にも適切に対応するため、2014年から2018年度までSIP（戦略的イノベーション創造プログラム）において「レジリエントな防災・減災機能の強化（リアルタイムな災害情報の共有と利活用）」が実行されている[4-45]。

これは東日本大震災の経験から得られた「レジリエンス」（被害を最小限に止めるとともに、被害からいち早く立ち直って元の生活に戻らせること）の考え方に基づいて、自然災害を克服するための「予測力」、「予防力」、「対応力」を飛躍的に向上させることを目的とするものである。特に、住民の適切かつ迅速な避難行動に役立つリアルタイム（地震発生後数分以内）・高精度津波予測技術の確立を目標としており、「海底地震津波観測システム」と「津波遡上予測モデル＆シミュレーション技法」を重点的に行って、予測力の飛躍的向上を目指している。

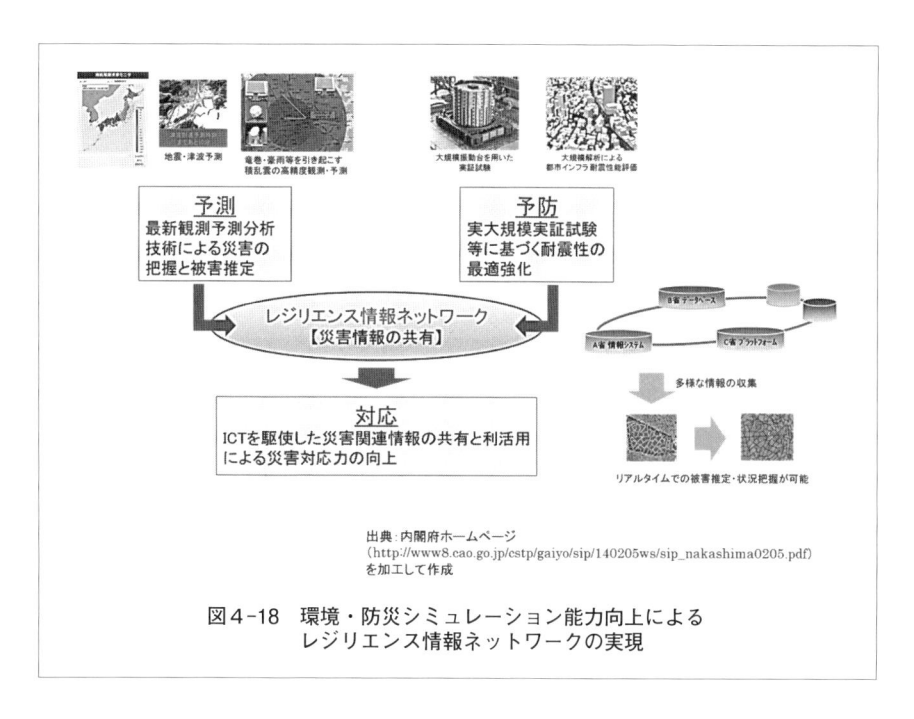

出典：内閣府ホームページ
(http://www8.cao.go.jp/cstp/gaiyo/sip/140205ws/sip_nakashima0205.pdf)
を加工して作成

図4-18　環境・防災シミュレーション能力向上による
レジリエンス情報ネットワークの実現

　また、このプログラムの中では局地的なゲリラ豪雨や竜巻による都市部のラ
イフライン施設、鉄道網の浸水被害を事前に予測するため、積乱雲の発達過程
を生成初期段階から高速・高精度に観測・予測可能なシステムを開発する予定
である。今後は、最新ICTの積極的な活用によって、被害推定システム（地震：
1分以内、津波遡上：地震発生後数分以内）と連携して、さまざまな災害関連
情報（例えば、国内防災機関が保有する災害予測情報、被害推定情報、被害情
報等）がリアルタイムに共有可能な「レジリエンス情報ネットワーク」を開発・
整備する必要がある（図4-18）。

第 **5** 章

先進装備技術

1. パワードスーツ

　パワードスーツは、装着者の身体能力を補助・向上させるための外骨格型もしくは衣服型の機器と考えられており、主に歩行補助や負担軽減としての用途が期待されているところである。ほかにも、ロボットスーツ[5-1]やマッスルスーツ[5-2]、強化外骨格[5-3]、人間装着型の身体アシストロボット[5-4]などの呼び方が使用されているが、ここではパワードスーツに統一して記述する。

　メディアでも度々紹介されるなど、着々と広がりをみせているパワードスーツであるが、日本だけではなく、アメリカ[5-5]やフランス[5-6]においても研究が盛んに行われている。その他の諸外国[5-7], [5-8]においても研究が進められている事例が散見されることから、今後、世界的に大きな発展を遂げるものと考えられる。また民間においては、主に医療・介護用機器として研究開発が進められており、身体能力が衰えた歩行困難者の支援に重点をおいて構築されている。

　一方、防衛装備庁においては、自衛隊員の負荷を軽減することを目的に、携行力および機動力を発揮し、個人用の装備品を装着携行した隊員の迅速機敏な行動を実現する高機動パワードスーツの研究[5-9]を行っている。ここでは、パワードスーツの動向に触れながら、その原理について簡単に説明し、防衛装備庁先進技術推進センターで実施している研究について紹介する。

1.1　パワードスーツの動向

（1）国内外の研究開発

　パワードスーツの分野において、特に有名なのは、図5−1に示す筑波大学発のベンチャー企業、サイバーダイン㈱で開発されているロボットスーツHAL（Hybrid Assistive Limb）[5-10]である。HALは、装着者の皮膚に取り付けられたセンサを通して微弱な生体電位信号を感知し、内蔵コンピュータに

よってその信号を解析、モーターを制御することによって装着者の意思に沿っ
た動きを補助するように動作する。この微弱な生体電位信号は、装着者が筋肉
を動かそうとした時に脳から神経を通じて筋肉へ送られる信号が皮膚表面に漏
れ出たものであり、実際に筋肉が動き始める50〜100ms前から発生する。補助
動作のトリガーとして用いるのに十分な計算時間が得られることから、素早い
応答が期待でき、現在までに、下肢機能障害者の自立的な日常動作の支援に利
用するための研究[5-11]が進められてきた。

　ほかにも、図5-2に示す東京理科大学発のベンチャー企業、㈱イノフィス
で開発されているマッスルスーツ[5-2]がある。マッスルスーツは、モーターで
はなく、ゴムチューブを筒状のナイロンメッシュで包んで両端をつなげた人工
筋肉を使って動作する。人工筋肉のチューブの中に圧縮空気を入れると膨張し
て張力が生じ、これが身体を起こす際の補助力となり、人や物を持ち上げる時
の腰の負担を減らすことにつながる。現在までに、腰痛による離職者が多い介
護や物流などの現場での補助器具として利用するための研究[5-12]が進められて
きた。

　また図5-3に示す本田技研工業㈱で開発されているHonda歩行アシスト[5-13]
もある。Honda歩行アシストは「倒立振子モデル」に基づく効率的な歩行をサ

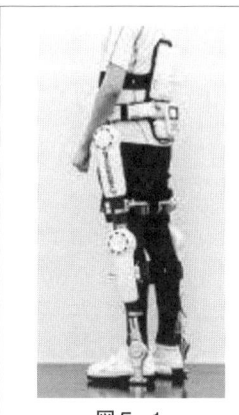

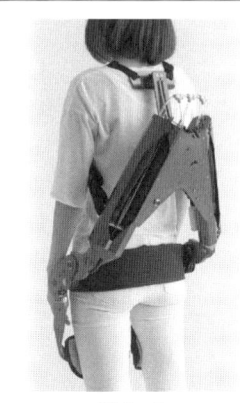

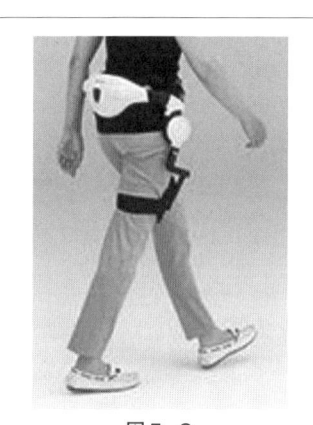

図5-1
ロボットスーツHAL

図5-2
マッスルスーツ

図5-3
Honda歩行アシスト

図5-4　HULC

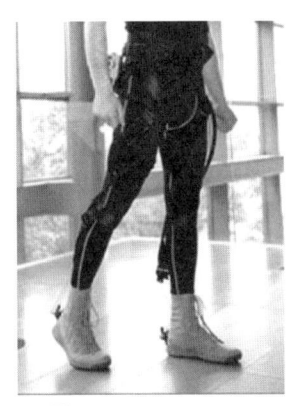

図5-5　Soft Exosuit

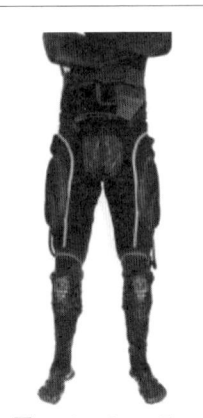

図5-6　SuperFlex

ポートする歩行訓練機器である。歩行時の股関節の動きを左右のモーターに内蔵された角度センサで検知し、制御コンピュータがモーターを駆動、股関節の屈曲による下肢の振り出しの誘導と伸展による下肢の蹴り出しの誘導を行う。自社のヒューマノイドロボットASIMOで培われた歩行理論をもとに研究され、装着者の歩行訓練の補助を目的に作られている。

　一方のアメリカにおいては、**図5-4**に示すロッキード・マーティン社で開発された外骨格HULC（Human Universal Load Carriage）[5-5) が挙げられる。HULCは、バッテリーとモーター、腰から下肢に沿うチタンフレーム、および動きを制御するマイクロコンピュータからなる荷役運搬用の外骨格システムである。装着者の動きをトレースして支えることで、疲労を軽減させ、さまざまな地形に対応するとあり、兵站用途等での使用に期待が寄せられている。カリフォルニア大学バークレー校で研究されていた外骨格 BLEEX（Berkeley Lower Extremities Exoskeleton）が原型となっており、米国防総省の国防高等研究計画局（DARPA）から資金援助を受けて研究[5-14) を進めていた。最近では、**図5-5**に示すハーバード大学のSoft Exosuit[5-15) や**図5-6**に示すSRI International社のSuperflex[5-16) など、柔軟かつ薄手で下着のように着ることができるものの研究開発が進められている。一方で、重機のような考え方で作

られた**図5-7**に示すRaytheon社の外骨格XOS2[5-17]もある。人体の骨格のような形状をしている油圧駆動のロボットで、装着した人の動きをトレースするように動作する。外部から動力を供給する必要があるが、航空基地や艦船などの限られた人員の中、人力で行われている作業の支援を目的としている。

図5-7　XOS2

フランスにおいては、**図5-8**に示すRB3D社とDGA（Direction générale de l'Armement：フランス装備総局）が共同して開発している外骨格HERCULE[5-6]が挙げられる。HERCULEは、人間の荷物運搬能力をサポートするもので、軍用と民生用の両方で発売する予定とされている。現在、HERCULEV3という民生用途モデルが公開されている。

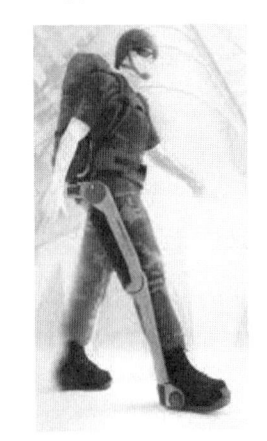

図5-8　HERCULE

(2)　技術動向

　パワードスーツの研究開発には、さまざまな技術が必要といわれている。特に、ロボットスーツHALは、脳・神経科学、行動科学、ロボット工学、IT技術、システム総合技術、生理学、心理学などの領域の技術を総結集して生まれたといわれている。本稿ではまず、パワードスーツの構成技術のうちで主要な要素の一つとなるロボット工学の考え方を主体に説明を始める。

　パワードスーツの元祖といわれているハーディマン[5-18]は、**図5-9**に示すように、人にロボットマニピュレータを装着させたようなものであった。その

ため、パワードスーツの研究開発は、ロボット工学的な観点からその実現を追求する試みが主流であり、中でも主にヒューマノイドロボット技術とマスター・スレーブ・システムの技術が活用された。これは、二人羽織のように人にロボットを装着させ、取り付けたセンサから装着者の動きを読み取り、その動きに追従するようにロボットを動作させるという考え方で、その結果として、荷物を持たせたり、足を動かしたりと所要の目的を達成するというものである。

それぞれの技術について少し解説すると、まず、ヒューマノイドロボットは、人体の骨格のような形状をもったロボットであり、図5-10に示す本田技研工業㈱のASIMO[5-19] や図5-11に示す川田工業㈱と産業技術総合研究所により開発されたHRP-4[5-20] などが挙げられる。ロボットとして非常に高性能であり、近年では走行や転倒時の復帰ができるようになるなど年々、性能が向上しているが、人の可搬重量や跳躍高などと比較すると、人の運動能力に追い付いているとは言い難い。

一方、マスター・スレーブ・システムは、操作者の動きに合わせてロボットを操作する方式である。制御・操作を司る方をマスター、その制御下で動作する方をスレーブと呼び、パワードスーツにおいては、マスターとスレーブが一体化していると考える。このシステムは、図5-12、図5-13に示す手術用ロボット[5-21] 等に活用されており、力覚を呈示できる図5-14に示すようなハプティックインターフェース[5-22] をマスターに活用することで、操作者に現場の環境を提供することができる。このようなシステムでは、マスターとスレーブを双方向に制御しているため、時間遅れが問題となるが、パワードスーツにおいては、補助されるべき動作と操作指示が同時に発生するという問題も加わる。

XOS2は、このようなヒューマノイドロボットとマスター・スレーブ・システムの技術をベースとして製作され、XOS2の動作はその成果であるとみられている。一方で、完成度が高まるにつれ、大きすぎて使い勝手が悪いことや動力源の問題など、更なる課題が抽出された。このことが、ロボット工学的な観点だけで設計し、性能向上のために大型化、高出力化を進めるだけではパワードスーツは成り立たないと知らしめる一つの契機となり、小型軽量化がパワー

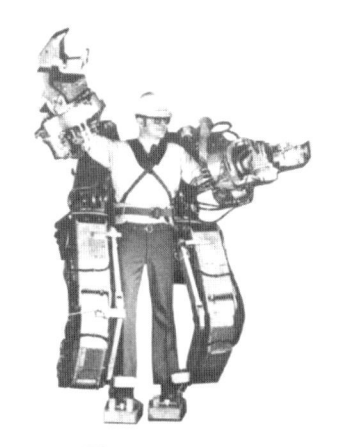

図5-9　Hardiman

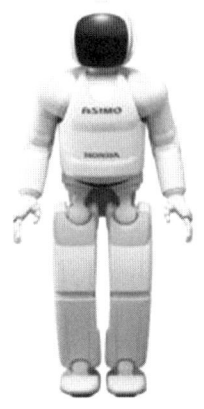

図5-10　ASIMO

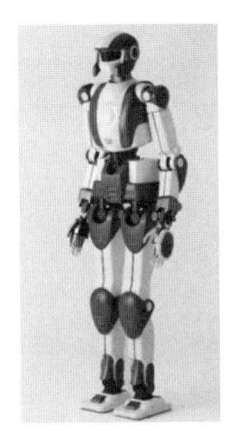

図5-11　HRP-4

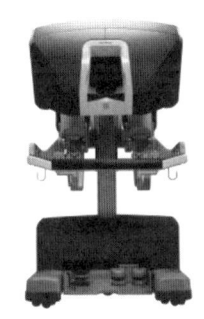

図5-12　手術用ロボット
（操作部）

図5-13　手術用ロボット
（施術部）

図5-14　ハプティックインターフェース

ドスーツを成立させる一つの条件として考えられるようになった、と筆者は考えている。

　小型軽量化の方法は数多くあるが、パワードスーツにおいては、必要な機能だけに絞って最小限のものだけを残すという方法を採用することが多い。そもそも、パワードスーツは人が装着する前提のものであり、人の動作が主体にならなければならないため、装着者の感覚に反することなく、その動きに沿って動作する必要がある。自己完結型のヒューマノイドロボットをパワードスーツに換装するには、ハードウェアとソフトウェアの両方の面で人とのインターフェースを上乗せする必要があり、パワードスーツと人とで機能が重複する部分が見受けられていた。

　そこで、このような重複箇所を減らすべく、多くの研究開発者が義肢に着目した。義肢は、何らかの原因で手足の一部または全部を失った方が、元の手足の形態または機能を復元するために使用する人工の手足のことで、歩行能力や把持能力を与えるだけではなく、装着感や重量にも注意が払われて製作されている。義肢の特徴は、必要な機能を有しつつも人体形状に合致したものとするために、装着者が出す力を上手く利用して必要最小限の出力で所要の動作に対応させているところにある。

　つまり、パワードスーツも義肢と同じく、装着者が出す力を上手く利用する

図5-15　競技用義足

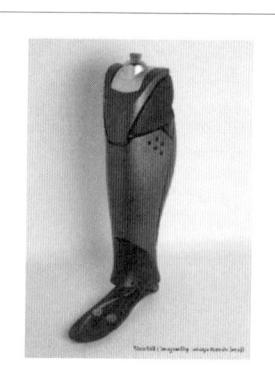

図5-16　ロボット義足

ことで、小型軽量化が可能になるのではないかと考えられたのである。特にスポーツ用途では、図5-15に示す競技用義足[5-23]や図5-16に示すサイボーグ義足[5-24]などがあり、非常に高い運動性能を発揮することもできるようになっている。事実、義足の機構構造を参考に、パワードスーツの足首の関節部分も粘弾性要素だけにすることで、小型軽量化とともに性能向上や低価格化を達成させている事例が多く見られる。

　他の例としても、1.1(1)項で触れたExosuitやSuperflexのように、フレームを撤廃しているものが挙げられる。今後は、以上のようにモーターやフレームなど重量の大きい部品の小型軽量化、撤廃等を追求するような事例が増えていくものと考えられる。

1.2　高機動パワードスーツの研究

(1) 概要

　防衛装備庁においては、携行力および機動力を発揮し、個人用の装備品を装着・携行した隊員の迅速機敏な行動を実現する高機動パワードスーツの研究を行っている。図5-17に示すような島嶼部への上陸等の高脅威下での活動において、自衛隊員は、さまざまな個人用の装備品を装着・携行しつつも、迅速に行動する必要がある一方で、体力的な限界も存在することから、このような隊員の負担を軽減する装備品は非常に有効と考えられる。

　このことから、防衛用のパワードスーツには、隊員が装着している装備品の重量を支持することで、隊員の負担を軽減しつつ、敵に狙い撃ちにされないように素早い動作を可能とし、かつ、活動場面となる砂場や山岳地等の複雑な環境にも対応する必要がある。こ

図5-17　高機動パワードスーツの構想図

れらの機能性能は、福祉介護に重点が置かれている民間において、進捗が期待できないところでもある。

またパワードスーツは人が直接装着することから安全性の確保が極めて重要であり、特に自衛隊では、厳しい環境の中、激しい行動を行うため、衝突や転倒等が発生するのは必至であり、発生しうる衝撃等に対して装着者を保護する機能が必要になる。

そのため、民間で研究開発が進められている歩行や保持といった基本的な動作を実現する機能を取り入れつつも、隊員が装着・携行する装備品の重量を支持しつつも迅速機敏な行動を実現する駆動システム、自衛隊が活動する軟弱地や山岳地等の厳しい環境での使用を可能とするバランス機能、倒れ込んだとしても隊員の安全性を確保できる機能に関する研究が必要と考えている。

（2）防衛用に必要とされる技術

防衛用のパワードスーツとして必要と考えられる駆動システムとバランス機能、安全性について説明する。

駆動システムについては、走るための方法について考える。走るという動作は、両足が地面から離れる期間がある移動方法[5-25]であり、歩く動作に跳ぶ動作が加わったものと考えることができる。走る動作を実現するには、地面を蹴って自身を空中に跳ばす力が必要となるが、パワードスーツ装着時においては、自身の体重にパワードスーツの重量も加わることになるため、より大きな力で地面を蹴る必要がある。また空中に跳ぶには、胴体を素早く上方に持ち上げる必要があるため、パワードスーツの各関節を素早く動かす必要がある。ところが、モーターなどのアクチュエータは、大きな力を出しながら速く動くことが得意ではない。

力と速度を同時に向上させるには、アクチュエータの出力を上げる以外に方法がない。しかし、これは消費電力が増加することと同義であるため、大きなアクチュエータやバッテリーが必要となり、パワードスーツの重量増加につながり、駆動に必要な力がさらに増加するという悪循環に陥る。このことから、

防衛用のパワードスーツには、この悪循環を避ける駆動システムが必要とされる。その解決案の一つに、脚全体を一つの駆動システムとして考えるものがある。これは、各関節の駆動・停動を適切に制御することでアクチュエータが発生したトルクを無駄なく地面を押す力に変換するためのものである。

従来のパワードスーツ制御や、関節機構を有する一般的なロボットの制御においては、全体の動作最適化のため一部のアクチュエータの出力を制限する期間が生じる。脚全体を一つの駆動システムとして考える方式により、全体の動作最適も確保しつつ、各アクチュエータの稼働率も向上し、代わりにアクチュエータの小型軽量化が図れる。

この設計・制御方式は、当然のことながら動きが複雑になればなるほど、装着者の臨機応変な動きに対応することが難しくなるため、これからの研究開発の進捗に期待して欲しいところである。

次に、バランス機能については、不整地でバランスを取るための方法について考える。簡単に思われるかもしれないが、バランスを取る主体を人にして考えなければならないところが難しい。

人間は歩くとき、常にバランスをとりながら動いているが、パワードスーツを装着すると、そのバランス感覚が活用できなくなる。なぜなら、パワードスーツは、負担軽減を実施することから、自身と荷物の重量を装着者に伝えずに地面に逃がす機能があり、装着者にその分の重量を無いかのように感じさせるからである。例えば、重量を感知できていない荷物が背中にあったとすると、装着者は普段通りにバランスを取っていたとしても、後ろに倒れてしまうという事態になる。イメージとしては、適切にバランスを取っているつもりでも体が傾いていくという感覚であり、初めて自転車に乗ってバランスを取ろうとするときの感覚と似ているものがある。一方で、バランス感覚は重量感だけでなく、三半規管や視線の傾きなどを総じて感じるものであり、慣れで克服できるという意見もあるが、載せる荷物によって傾き加減がどのくらい変化するのかを覚えなければならない。また疲労した状態の隊員が使うことも想定すると、思考を必要とするものではなく、感覚によって調整できるものが望ましく、負担し

た重量分の感覚を装着者にフィードバックするシステムが必要になると考える。

　そのため、防衛用のパワードスーツには、装着者自身の感覚でバランスが取れるバランス機能が必要と考えられる。この機能を実装すると、パワードスーツは装着者の動きを読み取りつつ感覚を装着者に呈示する形となり、いわゆるハプティックインターフェースを有するマスター・スレーブ・システムになる。マスター・スレーブ・システムの説明については前述したので割愛するが、このような装着者の動きの計測から駆動力の発生までのシステムについては、各社で独自の研究が積み重ねられてきており、前述したパワードスーツでそれぞれ異なった方法が用いられており、独自のノウハウとなっている。

　最後に、安全性については、パワードスーツの堅牢化やシステムの冗長性などについて考える。方法としては民生品と同様に、リスクアセスメントを使用して適切な対策を講じることとなる。リスクアセスメントについてはJISB 9700[5-26] に記載されており、今後のロボット工学の中でも重要な分野になっていくと考えられるため、興味のある方は参照されたい。検討事項のうち、民生品と大きく異なる部分は、パワードスーツが乱暴に使用されるという前提条件であり、隊員が使用することを踏まえてのリスク見積りや低減対策などが実施されている。

　簡単ではあるが、パワードスーツの現状と防衛装備庁で実施している高機動パワードスーツの研究概要について紹介した。実施中の研究については、将来的には、自衛隊だけではなく、一般人が荷物を持つような用途にも展開できると考えており、幅広い活用が期待できる技術になると考えている。一方で、現状の民間のパワードスーツは福祉・介護に向いており、身体能力が衰えた歩行困難者の支援に重点をおいて構築され、着実に進んではいるものの、まだまだ人も資金も足りておらず、一般社会には浸透していないように見受けられる。

　防衛装備庁で進めている研究は、民間のパワードスーツが、福祉・介護の分野で広く社会に浸透し、一般的に目にするものになることを期待して進めている。今のところ、走る、何かにぶつかるなどという急峻な行動は、生活支援を

行う上で必須とされる機能ではない。しかし、福祉・介護の分野を超えて社会に浸透していくには、このような機能はあったほうが良いものと考える。最終的には、人の身体能力を完全に再現し、歩行補助や負担軽減などの機能をデメリットなく付与するものになることを期待している。

2．先進エネルギーシステム技術

2016年4月から電力自由化が始まり、電力の発電と小売が全面自由化されるなど、現今は電気エネルギーの話題が何かと世間を賑わしている[5-27]。電気エネルギーは社会生活に必要不可欠であり、一般家庭から工場、インフラおよび交通機関に至るまで電力から多大な恩恵に与っている。

自衛隊の装備においても、装備品に供給される電力はいわゆる縁の下の力持ちであり、その重要性については言を俟たない。近年は、装備品におけるIT（情報技術）化の進展や電装品の増加に伴い、部隊での電力使用量は増加傾向にあることから、電気エネルギーの安定供給に関心を向けようという機運が高まっている。

ここでは、再生可能エネルギーなどを最大限取り込むことでエネルギー効率などを向上させるスマートエネルギーを適用した先進エネルギーシステムについて、技術的な可能性や将来の展望について述べてみたい。

2.1　なぜ先進エネルギーシステムへの発想の転換が必要か

エネルギーシステムの重要性と聞くと、映画好きな人であれば、月へ向かう途中で不測の事故により著しい電力不足に見舞われ、宇宙船の中でありとあらゆる電力の節約を試み、地球への奇跡の生還を果たしたトム・ハンクス主演の映画「アポロ13号」を思い出すであろう。これは、1970年にアポロ13号の搭乗員3人が、宇宙船の制御に必要な電力を作るためなどに使用する酸素タンクが爆発し、酸素が流出して燃料電池の出力がどんどん低下するという未曾有の事故に直面しながら、NASAの管制センターからの知恵も借りつつ、必要最低限まで電力を削減し、絶体絶命の危機から帰還したという実話に基づく映画である。

電力は空気や水と同じくらい重要であり、電力が不足するという想定外の事

態はいつ起こっても不思議ではなく、電力の供給が絶たれるということ自体、重大な結末を招きかねないという教訓をこの史実は示唆する。

2001年の同時多発テロ事件以降、米国や英国などによるアフガニスタンやイラクでの駐留作戦の話もエネルギーシステムを語る上では欠かせない。前線では、電源の運転には燃料の補給が不可欠なことから、車両部隊による燃料輸送が行われたが、護衛が手薄の輸送車列が武装勢力に攻撃され、これまでに燃料補給任務での死傷者だけで3,000人を超えたという。このため、米国の海兵隊などは、現地に展開する際、太陽電池パネルなどを持ち込み、前線基地を完全にソーラー化し、燃料消費量を削減して燃料輸送の回数を大幅に減らすなどの工夫を行ってきた。これらの事例に鑑みても、作戦が行われるような特殊な状況下では、予期せぬ電力不足に陥ったり燃料補給路が断たれたりすることが想定され、必要な電力が得られない状況がいつやってくるか分からないのである。

シチュエーションは異なるが、わが国における自衛隊での電力供給については、急速な技術革新を背景とした新たな装備品の導入により消費電力が年々増加しており、電力供給について工夫すべき時代が到来したといえる。また自衛隊任務の多様化や複雑化に伴う島嶼防衛や大規模・特殊災害等への対処においても、燃料等の補給が困難となる場面が想定されるという状況に関心を寄せることも重要であろう。

21世紀に入り、性能向上の著しいスマートエネルギーのさまざまな効果が喧伝されている。そこで、この技術を導入することで、部隊での電力供給の課題に対処するという発想が必要となる。具体的には、将来の部隊における発電量を増加させなければならないというニーズに対しては、太陽光発電や風力発電などの再生可能エネルギーや蓄電池を取り込み、ITで制御する電源システムを構築し、エネルギー効率などを向上させることである。ここで再生可能エネルギーを利用するのは、太陽光や風力タービンにより発電する電力は、軽油やガソリンのような化石燃料を用意しなくてもよい永続的なエネルギーであるという理由からである。これらの再生可能エネルギーはクリーンである一方で、変動的かつ間欠的であるという特徴がある。

このような天候で出力が変動する再生可能エネルギーに対し、発動発電機や蓄電池と併用することで、エネルギー効率を向上させ安定した電力を供給する先進エネルギーシステムに変えることができる（**図5-18**）。

同時に、蓄電池を使用することで、発動発電機が停止する時間を作り出し、騒音やIR放射を抑制するという効果がある。つまり、再生可能エネルギーや蓄電池といった電力源を発動発電機に併用することで、発動発電機のみを使用していた従来電源と比べ、エネルギー効率や秘匿性を向上させた先進エネルギーシステムを実現できるということである。電力を安定供給するための将来の部隊電源として、自己完結型で高効率なスマートエネルギーを取り入れた先進エネルギーシステムを標準装備することはもはや夢ではない時代がきている。

ここで、従来電源として主に陸上の部隊でこれまで使われてきた発動発電機の特性について述べる。発動発電機の発電効率は、単体で使用した場合、負荷率により変動し、低負荷になるほど効率比が低下する（**図5-19**）。ところが、通常、部隊で使用する発動発電機は、低負荷で運転する時間が長く、発電効率があまり良くない状態で使用している。これに対し、蓄電池と発動発電機を組み合わせることにより、発動発電機を常に高負荷運転させ、発電効率を向上させることができる。さらに、太陽光発電などの再生可能エネルギーを取り入れることで発電効率を一層向上させることができる。スマートエネルギーは、発

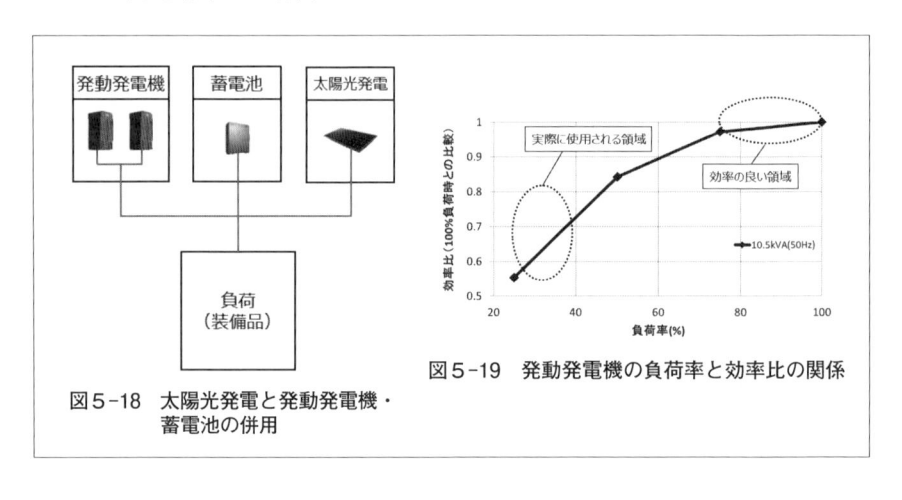

図5-18　太陽光発電と発動発電機・
　　　　蓄電池の併用

図5-19　発動発電機の負荷率と効率比の関係

電効率を飛躍的に改善しエネルギー効率を向上できるという点から、部隊電源におあつらえ向きなのである。太陽光発電や風力発電などの再生可能エネルギーを活用したエネルギーシステムを適用する未来の部隊電源の創出は、まさにこれからの時代にふさわしい技術といえよう。

2.2 スマートエネルギー技術の現状

自衛隊でのエネルギーシステムの未来像を述べる前に、民間におけるエネルギー技術の現状について触れておく。近年、理想的なスマート社会の実現を目指して、情報通信技術を用いて電力の流れを賢く最適にコントロールするスマートエネルギー（**図5-20**）の発達が目覚ましい。スマートエネルギーは、従来の電力網にはなかった太陽光発電や風力発電などの再生可能エネルギーを大量に導入することにより、化石燃料から非化石燃料への燃料の転換で地球環境をクリーン化し、低炭素社会を実現するというグランドデザインのもとで研究が進められてきた[5-28]。

再生可能エネルギーを利用することを前提とすると、天候に応じて出力が変動することから、電力の需給バランスへの悪影響が懸念されている[5-29]。直接的な制御が不可能な再生可能エネルギーは発電量の予測が難しく、気象条件によって不確定な発電出力の変動が電源システムに印加され、安定性に多大な影響を与える。このような余剰電力や不足電力の発生による電源システムの周波数や電圧の適正範囲からの逸脱を回避するためには、蓄電池を上手く利用して出力変動を安定化させればよい。電力需給を安定化させるために電力をマネージメントすることで、変動が大きい自然エネルギーによる発電を最大限に活用できる。

わが国以外にも、世界中

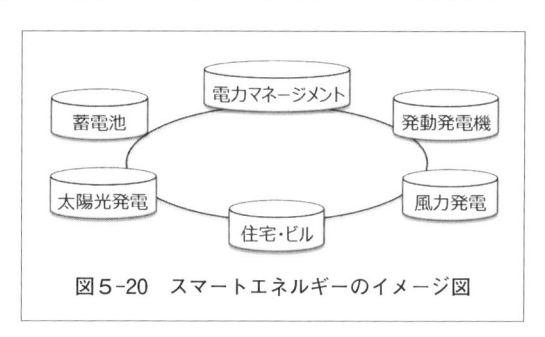

図5-20　スマートエネルギーのイメージ図

の多くの国々でスマートエネルギーの先進的な取り組みが行われている。スマートエネルギーは、各国とも太陽光発電や風力発電などの再生可能エネルギーを大量に導入したり普及を促進したりして、しのぎを削っている競争の激しい分野である。スマートエネルギーの構成要素として、従来電源として使用してきた発動発電機のほかに、スマート化の主役である蓄電池、それにアラカルト式に組み合わせを自由に選べる分散型電源として太陽光発電、風力発電および燃料電池が挙げられる。以下に、これらの4種類の電源要素に焦点を置き、今後の展望について述べる。

（1）蓄電池

　エネルギーを貯蔵する蓄電池は、スマートエネルギーを支えるキーテクノロジーとして電源システムの主要部分を構成する。蓄電池は別名、二次電池とも呼ばれ、充電することで何回も使用可能な化学電池である。蓄電池は、再生可能エネルギーからの余剰電力を蓄えたり変動分を吸収したりできることから、蓄積できないといわれていたエネルギーシステムに変革をもたらす技術である。島嶼部などで電力を独自で賄うエネルギーシステムを構成する場合、再生可能エネルギーを最大限活用するには蓄電池は必要不可欠である。分散給電のベストミックス（最適電源構成）における主役は蓄電池と言っても過言ではない[5-30]。天候による変動を伴う再生可能エネルギーの導入で電力品質を損なうことなく、需給バランスを定められた範囲内に収めるようエネルギーシステムの機能を発揮させるためには、蓄電池を賢く使うことが重要である[5-31]。

　ここ10数年間での蓄電池の性能向上は目覚ましく、蓄電池の種類はニッケル水素電池からエネルギー密度がより高いリチウムイオン電池へと主力が移りつつある。用途についても、従来では携帯電話やノートパソコンなどのモバイル機器で使用する携帯端末電源が主流であったが、現在では電気自動車や太陽光発電・風力発電などの移動体電池や定置型電池に移行しつつある。

　世界的には、性能を一層向上させたリチウムイオン電池やエネルギー密度や出力密度の大きい新たな蓄電池の実現を目指して取組が行われている。もちろ

ん、蓄電池は長所ばかりを揃えているテクノロジーではない。蓄電池は化学反応を伴うデバイスであるため、使用回数（充放電回数）の増加に従いエネルギー容量と電力供給能力は低下する。リチウム硫黄電池、金属空気電池、多価カチオン電池などの次世代蓄電池の研究も盛んに行われている。しかしながら、安全性や寿命などの面で未解決の課題が多い。今後は、安全、長寿命、低コストで高エネルギー密度および高出力密度が得られる先進的な蓄電池に取り組んでいく必要があると考えられている。

　リチウムイオン電池などをスマートエネルギーの構成品として使う場合、定置型蓄電池として用いる以外に、モビリティとしての電気自動車やプラグインハイブリッド車でスマートエネルギーを構築し、移動手段と蓄電池を兼ねるというやり方がある。このように電気自動車などを蓄電池として見なし、電源システムに協調させるのも今後の蓄電池の使い方の一つの典型となると思われる。

（2）太陽光発電

　太陽光は、地域の偏在が少なく、年間を通じて比較的安定な電力供給が得られ、長期間使用し続けても枯渇しない自然由来のエネルギーである。この太陽光を活用することで、エネルギーの地産地消を可能とする電源システムを構築する取組が世界各国で進んでいる。太陽光発電の導入が先行している国として、累積導入量（累積設置容量）の上位から、ドイツ、中国、日本、米国、イタリアおよびフランスの順である[5-32]。世界中の多くの国々は、太陽光発電の大規模な導入に意欲的であり、太陽光発電を組み入れた高効率で高信頼性の電力供給システムの実現を積極的に目指している。

　太陽光発電は発電量が天候により左右され、夜間には発電しない上、昼間も晴天、曇天、雨天の天候の違い、いわゆる日照量により発電量が大きく変わるという間欠電源としての特性がある。太陽光パネルで発電した直流の電力は、通常は、パワー・コンディショナーで交流に変換され、系統電力の交流に波長や位相を合わせて利用される。一般家庭などでは、太陽光発電に蓄電池を組み合わせたエネルギーシステムが普及しつつある。太陽光発電の急峻な出力変動

を抑制するのに蓄電池を活用することは、太陽光発電の導入に対する有力な解決策となることから、蓄電池と一体化した太陽光発電の利用は今後ますます拡大していくと思われる。

今日の技術レベルでは、太陽光発電の発電効率は平均的には15％程度といわれているが、今後さらなる向上が図られるであろう。太陽光発電は出力が最大になる最適動作点があり、太陽光のエネルギーを最大に電力変換できるように最大電力点追従[注]（MPPT = Maximum Power Point Tracking）という制御が行われる。太陽光発電の他の特徴として、純粋に発電量だけに着目した場合、スケールメリットがあまり効かない、すなわち規模を拡大しても発電効率が変わらないことが挙げられる。従って、太陽光発電は小規模で運転する分散型電源に適しているということでもある。

注）太陽光パネルへの日射量や温度などの条件の変化にかかわらず、その条件の最適動作点で発電することで、常にその時点での最大電力を取り出せる制御方式

（3）風力発電

風車を風のエネルギーで回して発電する風力発電は、太陽光発電などと比べると、より大規模な電源として使われる。それは、風力発電機は風を受ける位置が高いほど、上空で吹いている強い風を受けることができ、発電効率が向上するからである。風力エネルギーは風速の3乗に比例することから、風が強いほど風車は多く発電できる。世界的にみると、自然エネルギーによる発電の中では、風力発電は発電量で換算して太陽光発電の3倍以上の累積導入量を誇る。風力発電導入の先行国として、中国、米国、ドイツ、スペイン、インドおよび英国が挙げられるのに対し、わが国は導入に遅れをとっている[5-33]。

日本の場合、平地が少なく地形も複雑なことから、地域的な偏在が大きく、風力発電を恒常的に利用できる条件としては偏西風を効果的に受けることができる北海道、東北、北陸の日本海側や九州の東シナ海側などに限られるからである。風力発電のメリットとしては、1kWhあたりの発電コストが安く、太陽光発電と比べると経済性に優れていることである。また風力発電の発電効率

は、平均して約20％と高いのが特徴である。わが国で導入されているものは、ほとんどが大規模な風力発電であり、小規模分散型のものはほとんど出回っていない。

　風速は環境条件の変化により時々刻々と変動し、風力発電の出力もそれに伴い時間とともに変動する。風力発電の変動に規則性はみられず、太陽光発電と比較すると、小刻みに動き変動の頻度が激しい。反対に、風力発電は夜間でも風さえ吹けば発電できるという長所がある。小規模分散型の風力発電を蓄電池と併用することで、島嶼防衛などの特殊な環境で持続可能なエネルギーシステムを構築できると思われる。

（4）燃料電池

　燃料電池は、水の電気分解を逆にしたもので、水素と酸素を反応させ電気を取り出すクリーンな電源である（図5-21）。水素と酸素の電気化学反応から電気を直接取り出すことから、生成されるのは水だけである。また空気中の酸素を利用できるので、燃料は水素だけでよい。燃料電池はガスエンジンなどの内燃機関に比べると理論的な発電効率が83％と非常に高い。騒音や振動が小さいことも大きな利点である。

　燃料電池は、天然ガスなどの燃料を用いる場合、通常、改質器を用いて、電気化学的に活性な水素に改質する[5-35]。燃料電池は、水素エネルギー社会を担う次世代の画期的なテクノロジーとして注目されている。エネファームのように燃料電池を補助電源用や停電対策用に定置型として主に家庭で使用する用途と、燃料電池自動車としての用途がよく知られており、ともにすでに商品化されている。

　諸外国でも、燃料電池の普及に向けた取り組みは盛んであり、米国や欧州

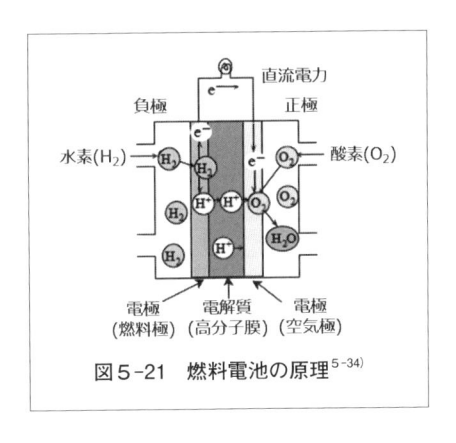

図5-21　燃料電池の原理[5-34]

などでは、今後の発展が期待されている。

　燃料電池は、中心的素材である電解質の種類などによって分類される。固体高分子形燃料電池（PEFC：Polymer Electrolyte Fuel Cell）は、100℃以下の低温作動型の燃料電池であるため、急速に起動できて取り扱いが容易である。さらに、固体の電解質を使っているため、扱いやすくかつ小型化が容易である。PEFCでの燃料は水素のみが有効であるため、化石燃料から改質して水素を作る。従って、改質器を発電ユニットに内蔵する必要がある。部隊での使用に供しうるその他の燃料電池としては、メタノールを燃料とし改質器を必要としない直接メタノール形燃料電池（DMFC：Direct Methanol Fuel Cell）が挙げられる。

　一方、高効率な燃料電池としては、固体酸化物形燃料電池（SOFC：Solid Oxide Fuel Cell）がある。SOFCは改質器が不要で、燃料として天然ガスや灯油などが使用可能である。また発電効率が高いことから、燃料補給量の一層の低減を図ることができる。しかしながら、作動温度は900℃程度と高温であり、起動に1時間程度を要するという欠点がある。

　島嶼防衛などで可搬型として使用するのであれば、選択肢はPEFCとDMFCに限定されるであろう。燃料電池の特徴として、構成機器に回転部がないことから、極めて静粛でIR放射も小さい。発動発電機と比較すると、秘匿性は燃料電池の特筆すべき優れた性質である。蓄電池は静音であり、燃料電池も低騒音で低振動であることから、これらを併用することで、騒音と発熱を抑えた新たな電源システムを構築できる。

2.3　部隊の電源システムはスマートエネルギーでどのように変わるか？

　電源システムは、自衛隊が各種任務を適切に実施するための主要要素の一つであり、装備品の近代化に伴い、部隊電源にもスマートエネルギーを適用することに関心を向ける時節が到来しているということを上述した。通常、部隊

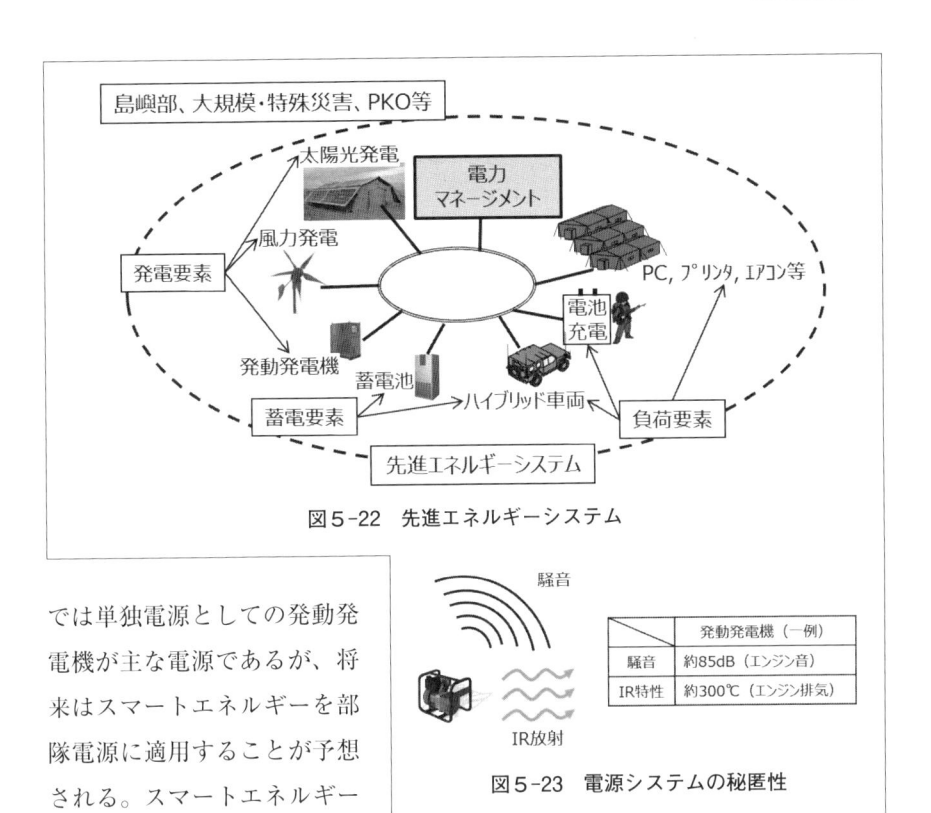

図5-22　先進エネルギーシステム

では単独電源としての発動発電機が主な電源であるが、将来はスマートエネルギーを部隊電源に適用することが予想される。スマートエネルギーを部隊電源に適用するという

図5-23　電源システムの秘匿性

コンセプトを踏まえた未来型の電源システムが先進エネルギーシステムである（図5-22）。ただし、スマートエネルギーを活用することはエネルギーシステムを変換することであるため、一朝一夕に実現できることではない[5-36]。

　自衛隊の使用環境の特殊性と独自性を考慮しつつ、必要に応じて太陽光や風力などの自然エネルギーを部隊のエネルギーシステムの中に賢く取り込むことでエネルギー効率や秘匿性の向上などが見込まれる。

　ここで、秘匿性とは、電源システムの騒音、IR放射をどれだけ抑制し、静音かつ常温で運用できるかという意味であることを断っておかなければならない（図5-23）。先進エネルギーシステムにおいて、蓄電池や太陽光発電などを併用し発動発電機を停止する間は、騒音やIR放射が抑制されるため、静音かつ常

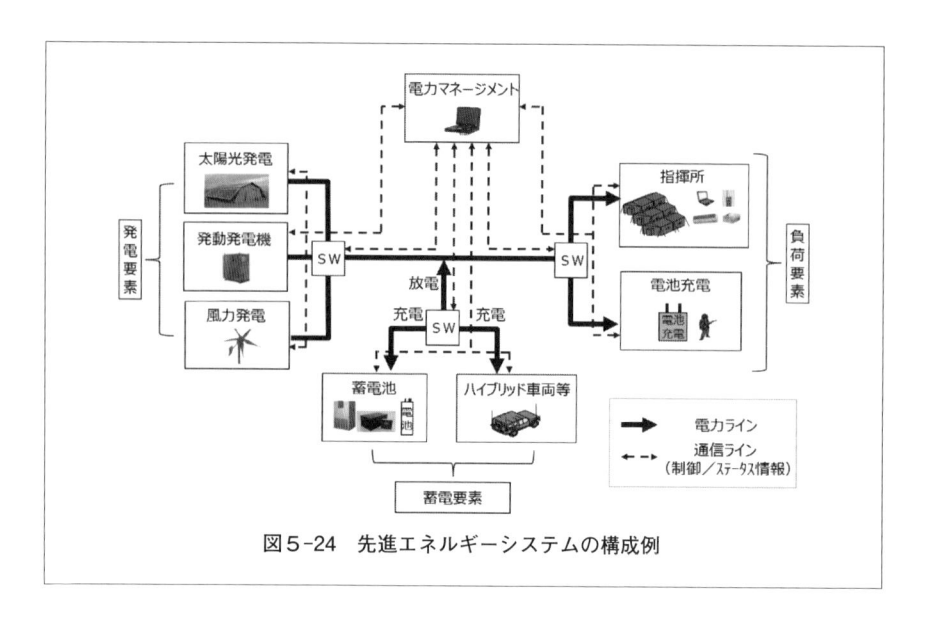

図5-24　先進エネルギーシステムの構成例

温で運転できると考えられる。特に、秘匿性を重視した先進エネルギーシステムを構築したいときには、燃料電池を適用する方法がある。PEFCやDMFCは、低温作動で起動が早いことから、部隊での使用に供しうる可能性を秘めている。

　先進エネルギーシステムを考慮するときには、情報通信技術を用いて電力の流れを最適にコントロールすることも重要である。先進エネルギーシステムは、電力ネットワーク（電力ライン）と情報通信ネットワーク（通信ライン）の融合ネットワークとなっている[5-37]。先進エネルギーシステムの構成の一例を**図5-24**に示す。

　先進エネルギーシステムを検討するにあたっては、実世界上の評価対象の電源システムを数理モデル化し，コンピュータ上でシミュレーションを行い、性能予測を行うことが必要である。言い換えれば、数値シミュレーションにより先進エネルギーシステムのフィージビリティスタディを行うということである。例えば、先進エネルギーシステムのモデリング＆シミュレーションを行うための先進エネルギーシステム評価装置（**図5-25**）を作製し積極的に活用することで、多種多様な先進エネルギーシステムの検討が行えるということである。

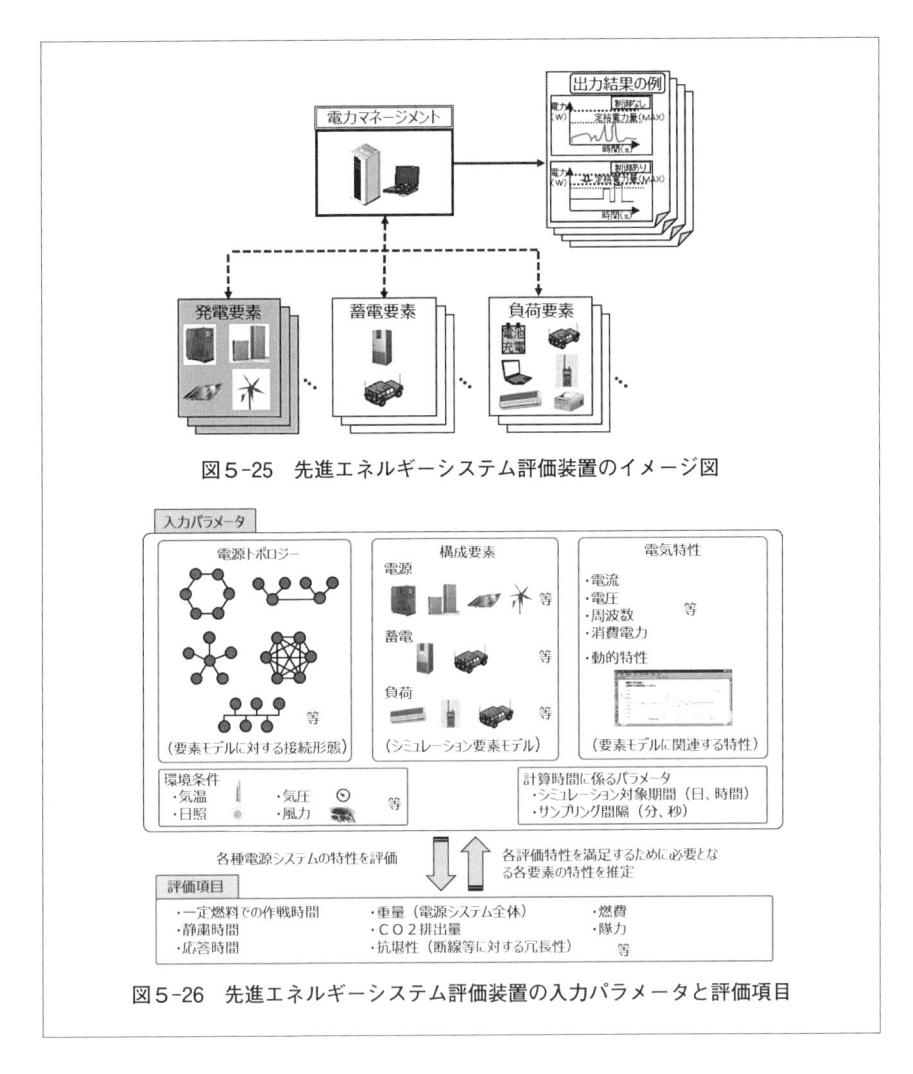

図5-25　先進エネルギーシステム評価装置のイメージ図

図5-26　先進エネルギーシステム評価装置の入力パラメータと評価項目

　先進エネルギーシステム評価装置は、複数の電源要素モデル、各種装備品の
電源負荷モデル、送電モデルおよび制御モデルなどからなるスマート・グリッ
ド・モデルを計算機上に構築し、電源システムの構成、各要素の性能、環境条
件および運用条件などを入力パラメータとし、出力側の評価項目としては、一
定燃料での作戦時間、重量、燃費などとなる（**図5-26**）。

　先進エネルギーシステム評価装置は、電源トポロジー（要素モデルに対する接続形態）、電源システムを構成する発電、蓄電、負荷の特性および気温等の環境条件などを入力パラメータとし、それらに左右される所定の評価項目に対して予測値を見積ることで、各種先進エネルギーシステムの特性を評価できるものとなっている。同時に、先進エネルギーシステムを構成する各要素に求められる特性を分析・評価するに当たっては、一定燃料での作戦時間、重量、燃費などの各評価特性を満足するために必要となる、電源トポロジー、構成要素、電気特性などの各要素の特性を推定できるものとなっている。

　スマートエネルギーの特色の一つとして、中隊レベルで使用する基本セットとしての小規模な電源システムから連隊あるいは師団レベルで使用する拡張したセットとしての大規模な電源システムに至るまで、部隊電源に応用できる可能性があることが挙げられる。将来、師団クラスの大きな部隊での電力を賄うには、複数の基本セットを結合して拡張したセットである大規模電源システムを作り上げ、電力が足りない宿営地や車両に対し電力の余裕があるところから融通する。これは、基本的な電源システム間を結合し、電力需給バランスを取ることにより、より安定した電力供給ができるという技術である。

　先進エネルギーシステムは、電源システムの面的拡大を基本セットで行う自立分散型のスマートエネルギーであるといえる。

　スマートエネルギーは、島嶼防衛等における部隊電源の改善につながる可能性があり、今後、先進エネルギーシステムが創出されることが期待される。

　先進エネルギーシステムには、高性能、高信頼性、コンパクトさが厳しく求められるが、将来の装備品のエネルギー供給の一翼を担い、電力供給の安定に貢献する頼もしい存在となることが期待できる。スマートエネルギーの分野に挑み、部隊電源に適用していくことは、非常に意義深いといえる。

3．防衛分野が注目する宇宙技術

　日本最初の人工衛星「おおすみ」は1970年２月に東京大学宇宙航空研究所（現在のJAXA宇宙科学研究所）が 鹿児島宇宙空間観測所からL-4Sロケット５号機により打上げた。防衛省の宇宙の開発利用はその38年後の2008年から開始し今年で８年目である。

　このような人工衛星は、**図５-27**に示すように静止軌道では早期警戒衛星や通信衛星、気象衛星などが、周回衛星では可視画像収集衛星、電波画像収集衛星、即応衛星などさまざまな機能を有する衛星があるが、防衛装備庁では防衛省の宇宙開発利用の方針に従って、いくつかの種類の人工衛星や宇宙装備に関しての研究開発を行っている。以下では、はじめに防衛省での宇宙開発利用の方針を説明した後、早期警戒機能、地球観測機能のなかでも注目する機能について解説する。

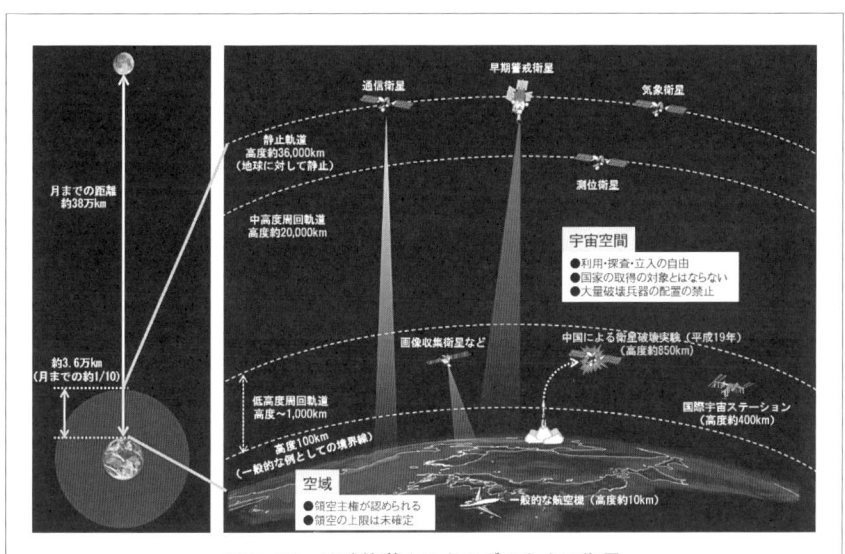

図５-27　地球軌道上のさまざまな人工衛星

3.1　防衛装備庁の宇宙開発利用

　平成20年に「宇宙開発利用は、我が国の安全保障に資するように行わなければならない」との方針を定めた宇宙基本法が制定された。平成21年に旧技術研究本部（現在の防衛装備庁）先進技術推進センター（以下「先進センター」という）に宇宙技術計画室が新設され、先進技術を適用した宇宙装備や関連する器材等の考案、調査研究が開始された。宇宙技術に関する研究開発には、周回衛星や静止衛星などの人工衛星、国際宇宙ステーションに代表される有人宇宙開発、太陽系の惑星探査や銀河系などの宇宙全般に関するもの等がある。一方、防衛省では「宇宙開発利用に関する基本方針」を平成21年度に、平成27年度には表5－1に示す新「宇宙基本計画」を定め、宇宙空間の安全保障上の重要性の増大に対応する重点的な取り組みを明確にして、取り組みの方向性を定めた。防衛装備庁はこの方針に基づき研究開発の方向性を検討している。具体的には、

　　・衛星画像等の情報収集を行うための国内リモートセンシング基盤の育成へ

表5－1　新「宇宙計画」

防衛省・自衛隊では、多様な任務を効果的かつ効率的に遂行していくため、「活動、基盤、対処空間」の３つの視点から宇宙開発利用を推進するとともに宇宙空間の安定を確保

「活動空間」の視点

多様な人工衛星を活用して衛星画像を重層的に取得し、継続的かつ広範囲での情報収集の効果を得る。

(主な取組)
- ✓ 様々なセンサーを有する人工衛星により得られる画像を重層的に取得
- ✓ 国内リモートセンシング基盤の育成に貢献
- ✓ 情報収集衛星群の維持・強化に向けた関与
- ✓ 柔軟な運用が可能な即応型小型衛星システムの調査研究
- ✓ 海洋の監視（MDA）に関する政府全体の検討への寄与

「基盤空間」の視点

人工衛星は、指揮統制・情報通信機能、測位機能を確保する上で、他の装備品では代替できない重要なインフラ。その重要性は一層高まる見込み。

(主な取組)
- ✓ 次期Xバンド通信衛星（3機目）の整備に向けた具体的検討
- ✓ GPS衛星測位機能の確保など

Xバンド通信衛星
（スーパーバードB2号機）
（出典：スカパーJSAT社）

「対処空間」の視点

北朝鮮のミサイル能力向上を踏まえ、弾道ミサイル防衛能力を強化。

(主な取組)
- ✓ 米国からの早期警戒情報の確実な受領
- ✓ 弾道ミサイル発射の兆候や発射情報等を早期に察知・探知する可能性について研究するため、文部科学省・JAXAで計画中の「先進光学衛星」に赤外線センサを相乗りして宇宙空間で実証研究

先進光学衛星
（出典：JAXA）

宇宙空間の安定確保

宇宙ゴミの増加やASAT兵器の開発進展を踏まえると、宇宙利用の進展に応じて、宇宙ゴミの衝突の蓋然性が高まるほか、人工衛星が価値の高い攻撃目標となるおそれ

(主な取組)
- ✓ 宇宙ゴミや衛星攻撃兵器など宇宙物体の精確な動きを把握する宇宙監視機能の保持
- ✓ 宇宙活動の規範の重要性を高める観点等からの各国との連携
- ✓ 人工衛星の残存性を高める方策の検討（人工衛星に対する通信妨害対策に関する研究）
- ✓ 代替衛星としても活用可能な即応型小型衛星システムに関する調査研究（再掲）

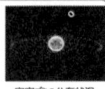

宇宙ゴミの分布状況
（出典：NASA）

2

の貢献や即応型小型衛星システムの調査研究等の「活動空間」の視点

・通信衛星の整備、GPS衛星測位機能の確保などの「基盤空間」の視点

・早期警戒機能充実や赤外線センサを相乗り搭載する "先進光学衛星" による宇宙空間での実証研究などの「対処空間」の視点

・宇宙監視機能の保持などの「宇宙空間の安定確保」の視点

を基本方針としている。先進センターでは、衛星搭載型赤外線センサ、地球観測機能を含む情報収集技術や空中発射技術、即応性向上技術について調査研究を行い、さらに宇宙状況監視技術を調査中である。

ここでは、この基本方針の中で、これまで研究を推進してきたなかでも、早期警戒衛星に関する技術、地球観測衛星（即応性向上技術を含む）に関する技術について述べる。

3.2 早期警戒衛星に使われる技術

（1）動向

宇宙空間から弾道ミサイル発射の兆候を取得する衛星は早期警戒衛星と呼ばれ、ブースト段階において、主にミサイルの推進装置であるロケットによる大量の高温高速の排出ガス（プルーム）から発生する赤外線放射を探知することでミサイルの発射の兆候を得るものである。ここでは米国の早期警戒技術についての解説と日本での取り組み状況を説明する。

米国は1970年の初号機から2007年の23号機まで図5 -28に示すDSP（Defense Support Program)[5-38] を静止軌道上に打上げ運用している。DSPは赤外線センサおよび望遠鏡を搭載した全長約10m 直径6.7m 重量2.4トン

図5-28　米国の早期警戒衛星：DSP

- センサ素子数：７６０×８素子
- 受光帯域
- ・ SWIR:MWIR:
- ・ See to ground

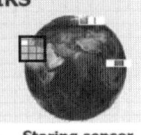

SBIRS

Scanning sensor
rapidly revisits
earth disk

Staring sensor
tasked to theater
& special areas

SBIRS Transformational Capability, Col Roger Teague, Commander, Space Group Space Based Infrared Systems Wing, Space and Missile Systems Center (SMC), 30 November 2006

図5-29　SBIRS

の円筒状の衛星で、円筒の長尺の中心軸が地球中心に指向している。望遠鏡は、長軸に対し7.5°傾いており、衛星が軸周りに回転（10Hz程度）することで、地球全域の赤外線をスキャンしている。赤外線センサは6,000素子からなり、３～６kmの分解能を有している。

　DSPの機能は弾道ミサイルが発する赤外線を探知する早期警戒だけでなく、それを識別・追尾し、迎撃指示のための情報を取得するミサイル防衛という目的にも重要であるという認識が高まり、空軍のSBIRS[5-39]へと統合されることとなった。**図5-29**に示すSBIRSは赤道上の静止軌道上にあるSBIRS-GEOと北極などの極地方を周回する楕円軌道上にある衛星に搭載されるスキャニングセンサのみのSBIRS-HEOから構成されており、SBIRS-GEOにおいては３バンドの赤外線検知を行うスキャニングおよびステアリングセンサが搭載され、SBIRS-HEOにおいては３バンドの赤外線検知を行うスキャニングセンサのみが搭載されている。SBIRS-GEOはミサイルを探知してから10～20秒で地上に警戒信号を送るのが目標で、地球の全域を走査して赤外線の放射を探すスキャニングセンサと、局所的な地域を測定するアレイセンサによるステアリングセンサからなる。センサの概要[5-40]を**図5-30**に示す。スキャニングセンサは８本のリニアセンサをガッタ型に配置してあり、それを一定速度で地球全域が観測できるように走査して測定する。2011年５月に

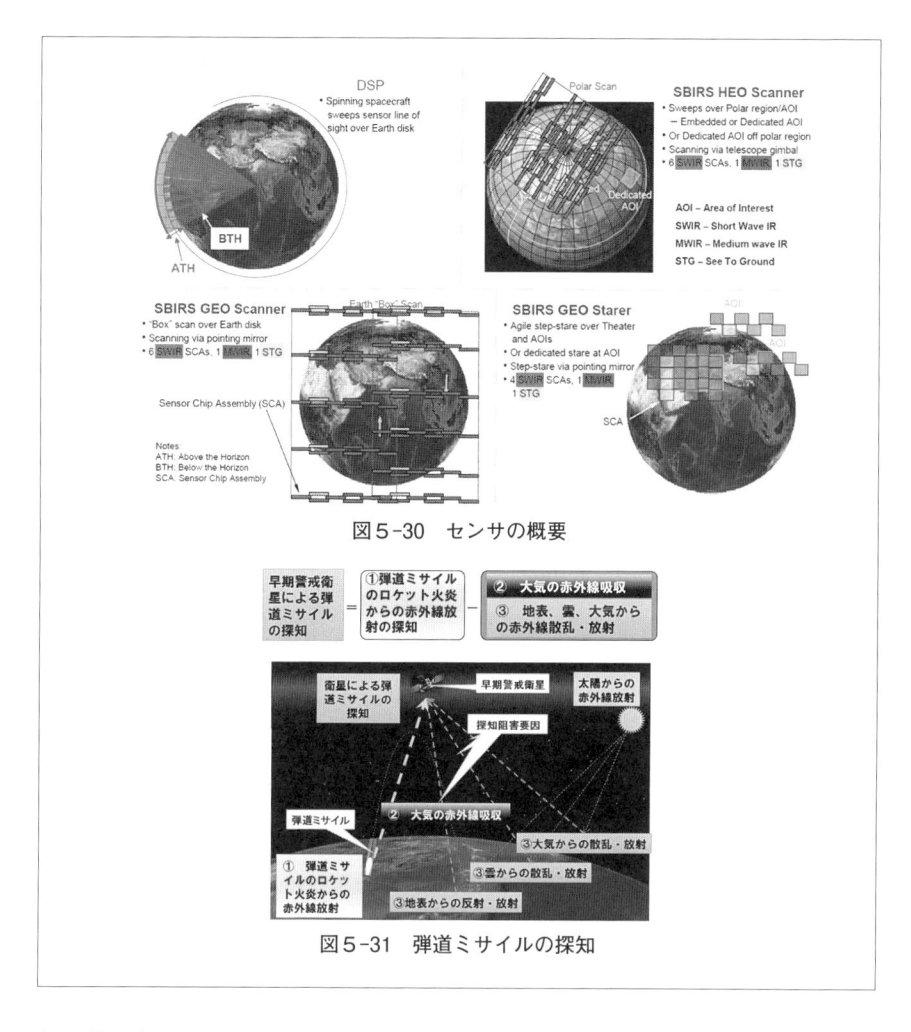

図5-30　センサの概要

図5-31　弾道ミサイルの探知

初号機が打上げられて、2013年1月より本格運用が始まり、2013年3月に2号機が打上げられていることから、今後の早期警戒衛星の中心になると考えられる。

（2）赤外線探知技術

　宇宙空間から地上の赤外線を捉える場合を**図5-31**に示す。図5-31より①弾

道ミサイルのロケット火炎からの赤外線放射を捉えるが、その場合②大気が吸収する赤外線の影響③地表、雲などからの赤外線の散乱放射による影響を考慮する必要がある。①の弾道ミサイルからのロケット火炎は燃料および酸化剤の組成、燃焼温度などによって赤外線放射強度や波長が変化する。**図5-32**はテポドンでも用いられていると考えられる推進剤（燃料：UDMH非対称ジメチルヒドラジン、酸化剤：四塩化二窒素）の場合の燃焼生成物（ここでは燃焼ガス）が燃焼した場合の生成物の平衡計算結果である。横軸が酸化剤と燃料の質量比、縦軸が各燃焼生成物のモル分率である。図5-32より燃焼生成物の主な成分はH_2O、N_2、CO_2、COであることが分かる。

　発生する赤外線放射の波長は**図5-33**[5-41]に示すように、物質の分子を構成する原子間の運動により異なり、主な燃焼生成物の分子の運動の種類から、そこから発生する赤外線の波長が決まることから、これらの波長の赤外線を感知することでロケット火炎を探知することができる。一方、アルミニウム等の金属燃料を多量に含む固体ロケットの場合は、ノズルから排出される燃焼生成物の中でも固体粒子の酸化アルミニウムが多い。この場合、ガスよりも固体粒子の方が赤外線の放射強度が大きいために、黒体輻射に近い赤外線が放射されると考えられる。また特定の波長の赤外線は、大気により赤外線が吸収されることから探知特性に影響する。**図5-34**に大気による赤外線の吸収特性[5-42]を示す。大気による赤外線の吸収が大きい波長では、地上の赤外線情報が宇宙空間から探知できないことになる。気象衛星のひまわりが静止軌道から撮影した赤外線画像[5-43]を**図5-35**に示す。気象衛星では波長の異なる赤外線センサを用いており、吸収が少ない波長では地表が写っているが、吸収が多い場合は大気の上部にある高層雲のみが撮影されている。このように、赤外線波長の放射や吸収を的確に理解した上で、赤外線センサの波長を選択する必要がある。

　先進センターでは、防衛省が研究を進めてきた2波長赤外線センサを国立研究開発法人宇宙航空研究開発機構（JAXA）が計画する平成32年度打上予定の先進光学衛星に相乗り搭載して、宇宙空間でのセンサ性能の実証・評価を行うとともに、宇宙からの広範な観測データを収集する研究を行うために、**図5-36**

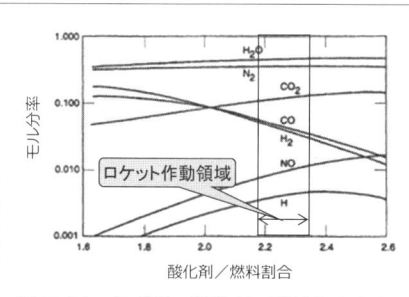

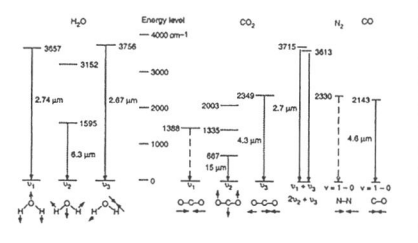

図5-32　テポドン推進剤が燃焼したときの
　　　　生成物の平衡計算結果

図5-33　発生した赤外線放射波長

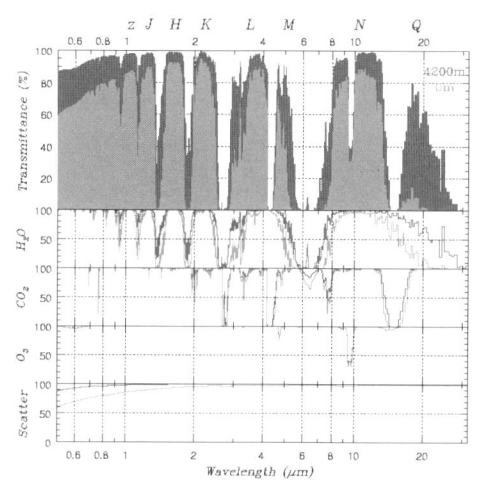

図5-34　大気による赤外線の吸収特性

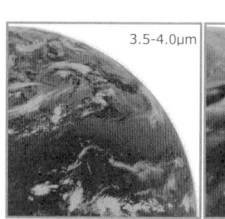

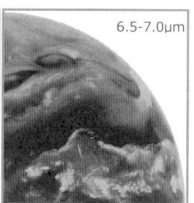

図5-35　気象衛星「ひまわり」が撮影した
　　　　赤外線画像

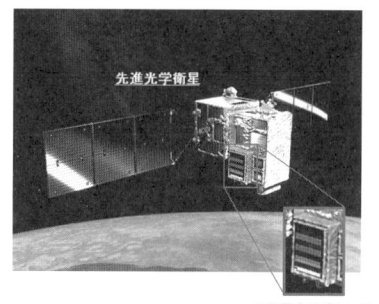

図5-36　衛星搭載型2波長赤外線センサ

に示す衛星搭載型2波長赤外線センサの研究試作[5-44]を行っている。搭載するセンサ用の赤外線素子はQDIP（Quantum Dot Infrared Photodetector, 量子ドット型赤外線センサ）という数十nmサイズの量子ドットを多数形成し、その量子ドット内に電子を3次元的に閉じ込めることにより形成される人工準位間の遷移を利用するもので、遠赤外と中赤外の2波長に感度があるため2波長画像を同時に取得できる。このQDIPを用いた赤外線望遠鏡の他に、短波長側に感度特性をもつMCT（HgCdTe）素子を用いた赤外線望遠鏡も搭載する。これらのセンサによって②大気が吸収する赤外線の影響③地表、雲などからの赤外線の散乱放射による影響についての実データの取得が可能となることから、早期警戒機能の取得に向けた重要な技術を取得できる予定である。

3.3　地球観測衛星に使われる技術

（1）動向

　地球観測光学衛星について分解能と観測幅で整理した結果を**図5-37**に示す。なお画像に関しては、一つの波長帯でグレースケール画像となるが高分解能が得られるパンクロマチックと、複数の波長帯を観測し、赤（Red）、緑（Green）、青（Blue）の色を割り当てることにより、人が目で見ているのと同じようなカラー画像が可能であるが分解能が低いマルチスペクトルがある。図5-37は、高性能なパンクロマチックで整理したが、マルチスペクトルの分解能でも、衛星間の傾向は変わらない。

　図5-37から、地球観測光学衛星は大きく下記の3グループに分類できる。

- ・観測幅が10km程度と狭いが1m以下の高分解能
- ・観測幅が50km程度と広いがメートルオーダーの中分解能
- ・観測幅が100km以上と巨大であるが、10m以上の低分解能

　高分解能は、施設監視のような高分解能が求められる衛星であり、民間の商用衛星のほとんどはこれに属する。低分解能のものは地球環境観測を目的としており、政府系の研究機関が運用するものが多い。わが国では、JAXA衛星は

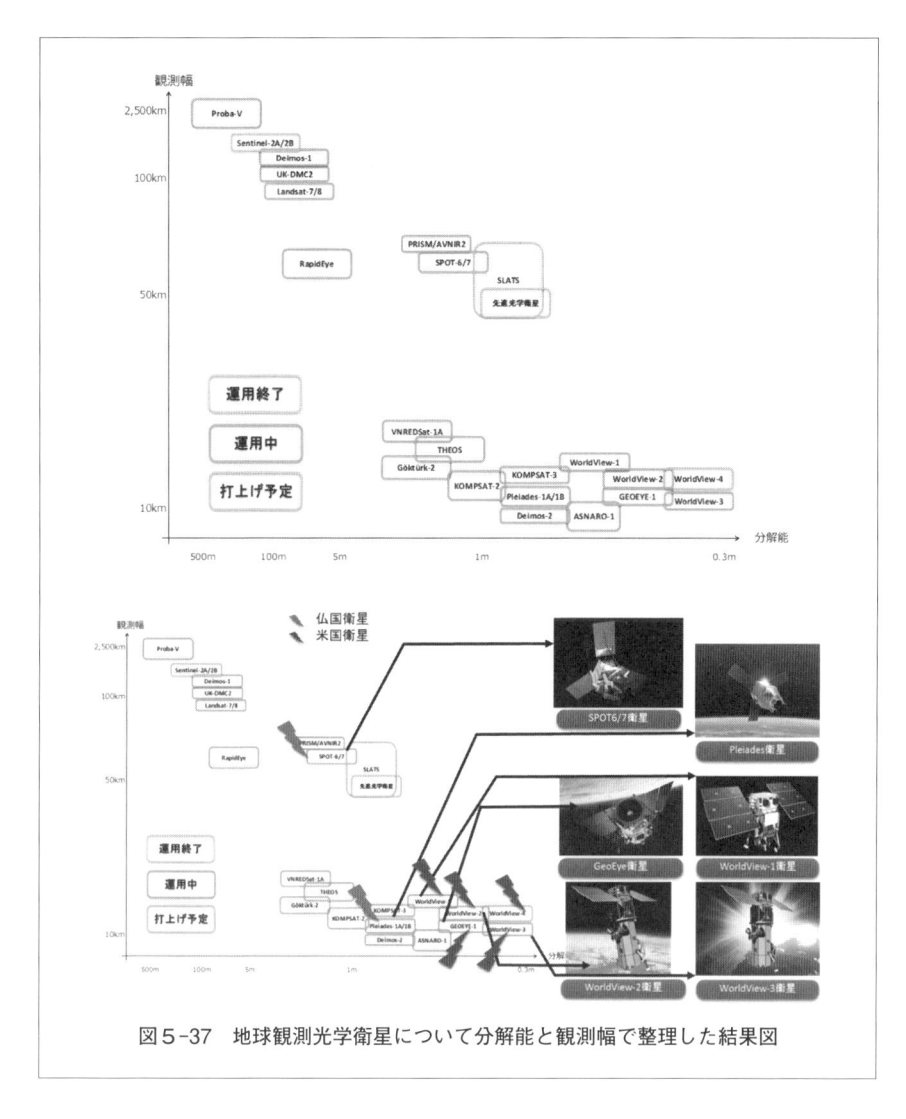

図5-37　地球観測光学衛星について分解能と観測幅で整理した結果図

広域化、経産省（METI）衛星は小型・高分解能の傾向があり、米国・商用衛星は高分解能化、加国および仏国・商用衛星は広域化の傾向があげられる。最新の商用高分解能衛星の一例（ASNARO-1、WorldView-2,3、Pleiades-1A/-1B）の諸元を**表5-2**に示す。

表5-2　商用高分解能衛生の諸元（一例）

名称	ASNARO-1[i, ii, iii]	WorldView-2[iv]	WorldView-3	Pleiades[v]
外観				
開発国	日本	米国	米国	仏国
打上年	2014	2009	2014	1A:2011 1B:2012
高度	504km	770km	617km	695km
開口径	66cm	110cm	110cm	65cm
分解能	50cm	46cm	31cm	70cm
観測幅	10km	16.4km	13.1km	20km
質量	495kg	2,800kg	2,800kg	970kg

i　http://www.astro.isas.jaxa.jp/SpaceWire/users/090121/ASNARO.pdf、2014.5.28確認、2016.8.24確認
ii　NEC技報 Vol64 No.1 / 2011
iii　http://www.meti.go.jp/press/2014/11/20141106003/20141106003.html、2016.8.23確認
iv　https://www.digitalglobe.com/about/our-constellation、2016.8.18確認
v　https://pleiades.cnes.fr/en/PLEIADES/index.htm、2016.8.18確認

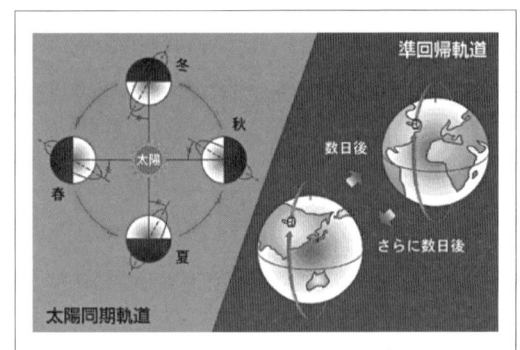

図5-38　太陽同期準回帰軌道
http://spaceinfo.jaxa.jp/ja/types_orbits.html

地球観測光学衛星の多くは、地上の撮影対象の影が常に同じ方向にでき、画像の質を一定にすることができる、図5-38[5-45)]に示す「太陽同期準回帰軌道」で打上げられている。太陽同期準回帰軌道は、衛星と太陽の位置関係が常に同じになることで、衛星の軌道面にあたる太陽からの光の角度を同じにできる太陽同期軌道と、地球全域について同じ地域を一定の間隔で観測できる準回帰軌道を組み合わせた軌道で、この軌道に打上げられた衛星は、何日かの周期ごとに同一地点の上空を、同一時間帯に

通過するため、同一条件で繰り返し地表を観測でき、地球を広範囲にわたって恒常的に観測するのにきわめて有効な軌道である。

（2）即応衛星に使われる技術

　災害対応を含む安全保障分野への適用性を検討する場合「太陽同期準回帰軌道」の衛星は、その軌道の特徴から極地方を通過するため、南北方向へ広がる撮像には強いが東西方向へ広がる撮像には多くの通過回数を必要とする。このため、緯度方向に通過できない領域が発生するが、低緯度地域の観測や東西方向の観測に強い軌道傾斜角を自由に設定でき、かつ必要に応じて打上げることが可能な即応衛星が注目されている。一例として東西方向に広がる南海トラフ付近について、代表的な高分解能（分解能0.31～1.64m）の地球観測衛星（GeoEye-1、-2、WorldView-1、-2、-3、Pleiades-1A/-1B）により撮影可能な最短日数のシミュレーション結果を**図5-39**に示す。図5-39より南北方向に帯状に撮影するために最短9日必要であることが分かる。分解能1.5m～8mの中解像度の衛星でも3日かかることになり、いずれの地球観測衛星も緊急時の対応に不向きなことが分かる。災害状況の情報収集以外にも、紛争地域の情報等に関しての必要性はさらに高くなる。

出典：http://www.bousai.go.jp/jishin/nankai/）内閣府

■GeoEye-1/-2　■WorldView-1　■WorldView-2
■WorldView-3　■Pleiades-A/-B

高分解能衛星観測図（災害対応02）より

図5-39　南海トラフを地球観測衛星による最短日数でシミュレーションした結果

　そこで、可能な限り短時間で衛星を打上げ、観測目標地点を最も効率的に観測可能な即応衛星について米国ではOperationally Responsive Space（ORS）[5-46]の研究が行われている。2012年に**図5-40**に示すORS-1が、高度400km、軌道傾斜角40度の軌道に投入された。運用例としては地球観測衛星を対衛星兵器（ASAT）等で失った場合の機能補完や、地上の指揮官に宇宙から撮影した戦域の画像を即応的に届けることを目的とした質量約450kgの衛星である。

　わが国でも総合科学技術・イノベーション会議が、ハイリスク・ハイインパクトな研究開発を促進し、持続的な発展性のあるイノベーションシステムの実現を目指したプログラム－革新的研究開発プログラム（ImPACT）において、白坂プログラムマネージャーによる「オンデマンド即時観測を可能にする小型合成開口レーダ衛星システムによる安心の実現」[5-47]

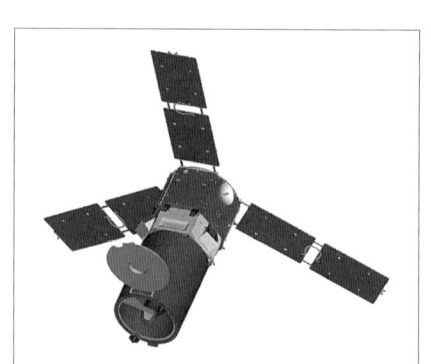

図5-40　ORS-1

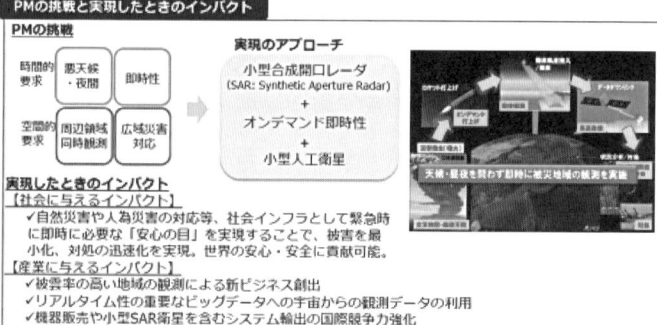

図5-41　PMの挑戦と実現したときのインパクト

に関する研究が行われている。**図 5-41**に示すように、自然災害や人為災害などの緊急事態が発生した際には、社会インフラとして観測が可能な衛星システムにより、いつでもどこでも迅速な対応を行い、被害を最小限に食い止めることが必要である。そのためには衛星システムに「悪天候・夜間対応」「即時性」および「広域災害対応」「周辺領域同時観測性」が求められる。

　当該プログラムでは、オンデマンドで打上げ、即時観測が可能な「小型合成開口レーダ」（SAR：Synthetic Aperture Radar）衛星システムを開発する。SARには従来方式とは異なる「受動平面展開アンテナ方式」を採用し、1 m 級の分解能で、100kg 級の軽量化と高密度収納性を実現。量産コストも従来の10分の1程度の20億円に収めることを目標にしている。これらにより必要なときに必要な地点で観測できる衛星を打上げて、夜間や悪天候でも打上後から数十分〜数時間で観測可能なシステムを構築する。今後は、このような小型で高性能な全天候即応機能を有する衛星の研究が増加すると考えられる。

（3）静止軌道の光学観測衛星

　気象観測を目的とした継続的かつ高頻度な観測が主流であるものの、施設監視を目的とした静止光学衛星も計画されている。**図 5-42**は仏国Airbus社が開発しているGO-3S（Geostationary Observation Space Surveillance System）[5-48] で、打上げは2022年を予定しており、100km × 100kmの領域を一定時間間隔撮影（タイムラプス）やビデオ撮影の機能を有し、撮影目標地点に望遠鏡を向けて安定させる（ポインティング）ことに要する時間は数分程度である。通常の周回型光学観測衛星は1周回

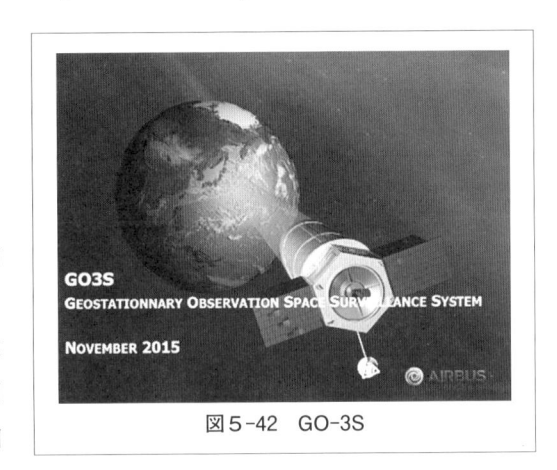

図 5-42　GO-3S

に約90分必要であるため、時間分解能が低いという課題があったが、静止軌道であれば常時観測が可能なため、高時間分解能の画像の取得が可能となる。ただし地球までの距離が周回衛星と比較して約50倍遠いために、解像度に限界があり、また衛星の高度な姿勢制御が求められる。

ただし、超解像度など高分解能化の適用により、高時間・高画像分解能のこれまでにない有用な地球観測衛星となると考えられる。このような衛星の場合は、カセグレン型などの大口径の反射望遠鏡を搭載することになるが、光学系を可視光と赤外光で両用化可能であることから、集光部から分光して赤外線センサも併設することで、早期警戒機能の部分的な実証ができると考えられる。

（4）高分解能化のための超解像処理例

低画質な画像（低解像度画像）から画像を元データとして構成するドットの数が多い高画質な画像（高解像度画像）を生成する超解像処理技術についてはさまざまな手法が研究されているが、光学衛星画像の本来もっている分解能を他の情報を組み合わせることで向上させる研究例を紹介する。低解像度であるが全地球的に1972年から現在の8号機まで継続的にデータを取得しているLandsat衛星の画像を、高解像度のSPOT5衛星の画像情報と組み合わせることで高分解能化する研究である。類似の研究では、SPOT5で画像を取得した領域でのみ、Landsat画像を高分解能化できるが、本研究では、SPOT5の画像外であってもLandsat画像を高分解能化することができ、SPOT5と同等の分解能かつLandsatと同等の大きな観測幅の超解像画像を実現できる点である。

低分解能画像を高分解能化するためには、そのための変換をする関数が必要である。

本手法では、**図5-43**[5-49]に示すようにSPOT5画像と、それをLandsatが地表面を可視光域から熱赤外域まで七つの波長帯で観測するセマティックマッパーセンサ（以下TMという）で撮影した画像に相当する低分解能化したシミュレーションTM画像を用いて、それぞれ高分解能画像の基底ベクトルとその係数、低分解画像の基底ベクトルとその係数の最適値を求めるが、この際、係数

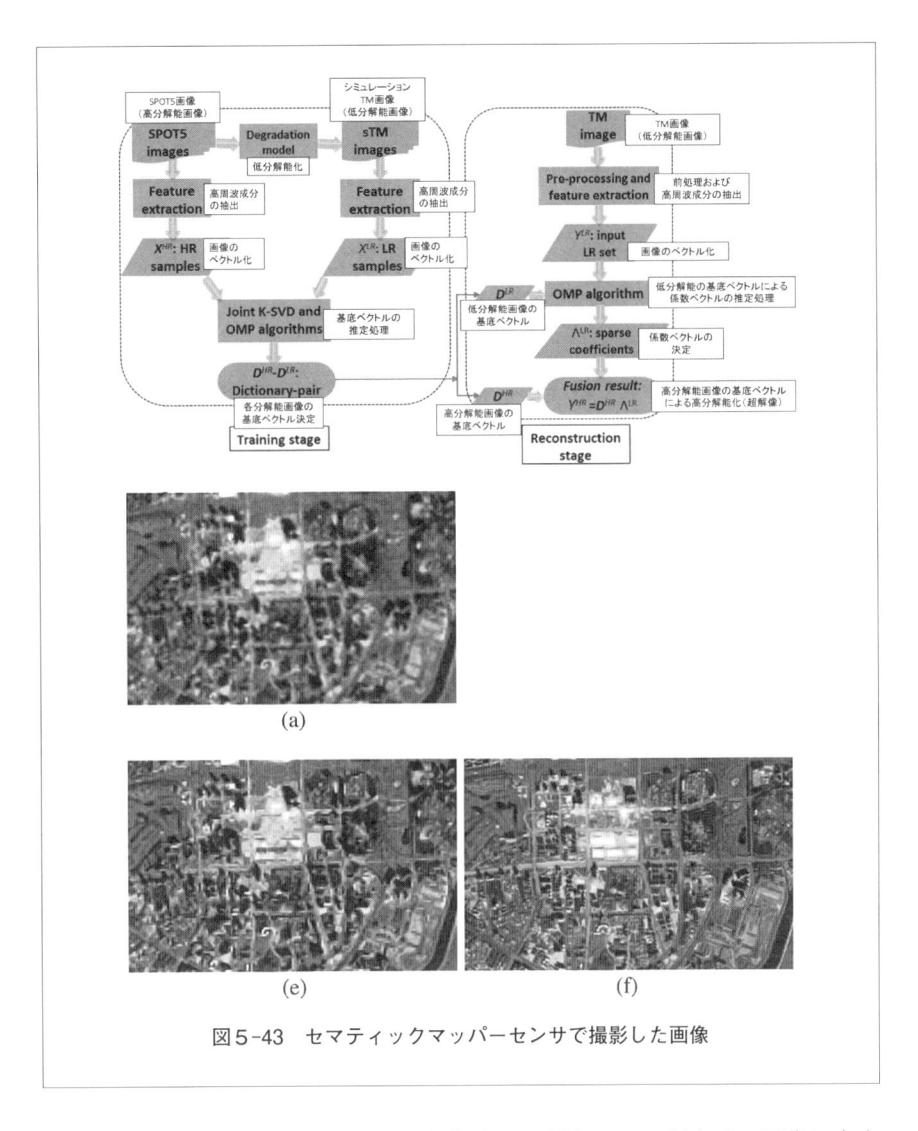

(a)

(e)   (f)

図5-43　セマティックマッパーセンサで撮影した画像

は画像の分解能によらず不変であると仮定して行う。この仮定は、画像に含まれる地物の個数や位置（係数ベクトル）は共通だが、その分解能（基底ベクトル）のみが異なることを表現している。求めた低分解能画像用の基底ベクトルは既知のパラメータとし、任意のTM入力画像に対して、係数ベクトルを求める。

この係数ベクトルに、上で求めた高分解能画像用の基底ベクトルを乗じることで、高分解能画像を得ることができる。本手法を用いることで、一度SPOT5からLandsat TMセンサシミュレーション画像を作成し、それぞれの分解能用の基底ベクトルセットを求めれば、他の任意のTM画像に対してこれらを適用することで、超分解能処理が可能となる。この手法は、過去に撮影した画像に対しての適用や(3)で示した静止軌道上の地球観測衛星の高解像度化にも適用可能と考えられる。

＊　　　　　　＊

　防衛装備庁ではこれまで多くの装備品を研究・開発してきたが、宇宙開発利用に関わる研究開発の開始が8年前であることから、装備庁の技術戦略である「中長期技術見積り」には平成28年度版から研究の方向性が示された。将来、防衛省・自衛隊からの宇宙に関する運用ニーズがあると考えられる防衛装備品に必要な装備技術で、JAXAや関係機関、民間企業に技術・知見が蓄積されていない技術分野についての研究開発を、政府の方針に従い集中して実施しなければならない。特に必要な経費も大きいことから、必要な経費の取得とともに、他の防衛技術の適用のみならず、より一層のデュアルユース技術等のスピンオンの促進による効率的な研究開発が必要である。これには、JAXA等関係機関や米国等との技術交流や共同研究開発事業をより推進するとともに、防衛独自ミッションについて十分に理解し、将来の研究開発の方向性を深化する必要があると考える。

＜参考文献＞

1－1） http：//www1.kaiho.mlit.go.jp/JODC/ryokai/ryokai_setsuzoku.html

1－2） 海上防衛技術のすべて　防衛技術ジャーナル編集部編　㈶防衛技術協会　2007。

1－3） 海上自衛隊の使用する船舶の区分などおよび名称などを付与する標準を定める訓令　昭和35年海上自衛隊訓令第30号。

1－4） 艦艇と航空機集（平成23年度版）　海上自衛新聞社　2011。

1－5） 海上防衛技術のすべて―艦艇設計編―　防衛技術ジャーナル編集部編　㈶防衛技術協会　2007。

1－6） シリーズ基礎技術講座　艦艇技術（連載）　防衛技術ジャーナル　1997年9月～1998。

1－7） 艦艇工学入門　岡田幸和　海人社　1997年5月。

1－8） マルチハル船のフォジビリティ検討委員会最終報告書　日本船舶海洋工学会　2009。

1－9） http://www.mod.go.jp/msdf/

1－10） http://www.navy.mil/swf/index.asp

1－11） 海上技術安全研究所2011　2011年。

1－12） http://www.mhi.co.jp/

1－13） http://sts.kahaku.go.jp/

1－14） http://www.mes.co.jp/Akiken/

1－15） http://www.u-zosen.co.jp/giken/pdf/vol01_e02.pdf

1－16） http://www.khi.co.jp/

1－17） http://files.asme.org/asmeorg/communities/history/landmarks/5528.pdf

1－18） http://www.hydromod.de/loleif/Participants/HSVA/Hsva.html

1－19） http://www.bassin.fr/francais/B600.htm

1－20） http://www.qinetiq.com/what/capabilities/maritime/Documents/Towing-Tank.pdf

1－21） http://nrife.fra.affrc.go.jp/plant/kaiyou/kaiyou.html

1－22） http://www.navsea.navy.mil/nswc/carderock/pub/tours.aspx

1－23） http://www.navsea.navy.mil/nswc/carderock/pub/who/departments/hydro.aspx

1－24） 流れ学　西山哲男　日刊工業新聞社　133頁　1973。

1－25） キャビテーションノイズ　笹島孝夫　日本造船学会誌（666）、730、1984-12。

1－26） キャビテーション発生機構に関する一寄與（第1報）沼知、椎名　日本機械学会　1937。

1－27） Park, J. T., Cutbirth, M. and Brewer, W..: "Hydrodynamic Performance of the Large Cavitation Channel", Proceedings of 4th ASME-JSME Joint Fluids Engineering Conference, (2003).

1－28） Frechou, D., Dugue, C., Briancon-Marjollet, L., Fournier, P., Darquier, M. Descotte, L., and Merle, L..: "Marine Propulsor Noise Investigations in the Hydroacoustic Water Tunnel "GTH"", Proceedings of 23rd Symposium on Naval Hydrodynamics, pp.1-20 (2000).

1－29） Mori, T. Naganuma, K. Kimoto, R. Yakushiji, R. and Nagaya, S..: "Hydrodynamic and Hydroacoustic Characteristics of the Flow Noise Simulator", Proceedings of 5th

ASME-JSME Joint Fluids Engineering Conference, (2007).

1-30) http://ittc.sname.org/

1-31) 水槽試験の現状と展望　日本船舶海洋工学会　2010。

1-32) http://www.defence.gov.au/whitepaper/docs/defence_white_paper_2009.pdf

1-33) 浦：無索無人機による海洋調査の可能性を探る Techno Marine、日本造船学会、pp. Vol.775、1993、pp.9-14。

1-34) http://www.kockums.se/en/products-services/submarines/stirling-aip-system/

1-35) http://www.kockums.se/produkter-tjanster/ubatar/stirling-aip-air-independent-propulsion/stirling-aip-japan/

1-36) http://en.dcnsgroup.com/wp-content/uploads/2010/10/61981.pdf

1-37) http://www.mod.go.jp/trdi/research/gaibuhyouka/pdf/AIP_20.pdf

1-38) http://www.mod.go.jp/j/approach/hyouka/seisaku/results/23/jigo/youshi/07.pdf

1-39) 電気自動車元年：2008年12月14日付けの日本経済新聞等。

1-40) 技術総説　魚雷の技術　防衛技術ジャーナル　2012年6月～7月。

1-41) シリーズ基礎技術講座　水中武器技術　防衛技術ジャーナル　1999年7月～10月。

1-42) http://www.mod.go.jp/msdf/formal/gallery/equip/index.html

1-43) http://www.mod.go.jp/trdi/research/gijutu_senpa.html

1-44) シリーズ基礎技術講座　艦艇技術　防衛技術ジャーナル　1997年9月～1998年5月。

1-45) 技術総説　水中動力装置　防衛ジャーナル　1997年11月。

1-46) http://www.articlesextra.com/supercavitation-torpedoes.htm

1-47) http://www.mod.go.jp/msdf/mf/mwsc/sjbussyu.html

1-48) 兵器の起源　機雷のはじまり　防衛技術ジャーナル　2005年2月。

1-49) http://www.fas.org/man/dod-101/sys/dumb/mk60htm

1-50) 技術総説　近隣国の機雷技術動向　防衛技術ジャーナル　2003年2月。

1-51) http://www.mod.go.jp/trdi/data/pdf/50th/TRDI50_05pdf

1-52) http://www.mod.go.jp/msdf/mf/51md/np.3html

1-53) 技術総説　機雷掃海技術の動向　防衛技術ジャーナル　2003年4月。

1-54) Unmanned Maritime Systems Overview, The Maritime Alliance Conference, 17 Novenber 2010.

1-55) 技術総説　水中航走式機雷掃討具(S-10)について　防衛技術ジャーナル　2004年3月。

1-56) http://www.navy.mil/navydata/technology/uuvmp.pdf

1-57) 米国の軍事ロボット　水中ロボット　防衛技術ジャーナル　2001年9月。

1-58) 国際学会レポート　第2回AUSVI学会にみる米国の軍事ロボット　防衛技術ジャーナル　2002年7月。

1-59) 防衛用無人機システムの動向（Ⅲ）「UMS、UGSの研究開発状況および主要動向」防衛技術ジャーナル　2011年4月。

1-60) Air Independent Power and Energy Sources for Autonomous Undersea Vehicles Fuel Cell Seminar 2011 November1-3, 2011.

1-61) 「海中ロボット」浦環・高川真一　成山堂書店　1997年4月。

1-62) http://underwater.iis.u-tokyo.ac.jp/top/myoujin2005/Myoujin05html

2-1）http://upload.wikimedia.org/wikipedia/commons/5/51/Mark_48_Torpedo_testing.
　　jpg（平成24年11月28日参照）

2-2）http://www.mod.go.jp/trdi/news/index.html

2-3）http://www.mod.go.jp/trdi/research/youshi2010_short.pdf

2-4）http://www.mod.go.jp/trdi/research/kenkyu_kantei.html

2-5）小口、艦艇用エンジンおよび舶用機器、防衛技術ジャーナル、'97.12、p.44-49。

2-6）艦船メカニズム図鑑、p.148。

2-7）世界の艦船、'98.4、p.91。

2-8）http://articles.janes.com/articles/Janes-Marine-Propulsion/Rolls-Royce-WR-21-
　　United-Kingdom.html

2-9）General Accounting Office（GAO）Report1996.6.7B-271195.

2-10）http://www.rolls-royce.com/marine/products/diesels_gas_turbines/gas_turbines/
　　wr21.jsp

2-11）http://www.mhi.co.jp/technology/review/pdf/451/451027.pdf

2-12）http://www.jamstec.go.jp/j/about/equipment/ships/urashima.html

2-13）http://www.jamstec.go.jp/j/pr/pamphlet/pdf/urashima.pdf

2-14）http://articles.janes.com/articles/Janes-Underwater-Warfare-Systems/Mk-48-
　　ADCAP-United-States.html

2-15）http://articles.janes.com/articles/Janes-Air-Launched-Weapons/Mk-50-Barracuda-
　　Lightweight-Torpedo-United-States.html

2-16）http://articles.janes.com/articles/Janes-Navy-International-95/GEC-MARCONI-
　　HOMES-IN-ON-SPEARFISH-MPO.html

2-17）http://www.irobot.com/us/robots/Maritime/Seaglider.aspx

2-18）http://www.webbresearch.com/slocumglider.aspx

2-19）笹島孝夫、堤厚博、佐藤隆一：“艦艇雑音”、海洋音響学会、（1998）。

2-20）高橋賢士朗ほか、“CFDを用いた舶用プロペラの流体性能の予測技術～より静かなプ
　　ロペラを目指して～”、防衛技術シンポジウム2012発表資料、（2012）。

2-21）新井淳、“船首砕波解析への粒子法応用について～コンピュータで水しぶきをリアル
　　に再現～”、防衛技術シンポジウム2012発表資料、（2012）。

2-22）笹島洋、岡村尚昭、谷田宏次：“渦によって励起されたシーチェストの振動について”、
　　日本造船学会論文集、第159号、pp.391-404、（1986）。

2-23）水島文夫ほか、“新幹線車両の空力騒音シミュレーション”平成19年度地球シミュレー
　　タ産業戦略利用プログラム成果報告書。

2-24）高山糧、加藤千幸、山出吉伸：“プロペラファンから発生する空力騒音の数値予測”、
　　生産研究、第59号、pp.63-66、（2007）。

2-25）（独）理化学研究所計算科学研究機構、“ものづくり分野におけるスーパーコンピュー
　　ティングの推進”、日本学術会議、計算科学シミュレーションと工学設計分科会、（2011）。

2-26）第26回国際試験水槽委員会報告書、（2011）。

3-1）Robert J. Urick, Principles of Underwater Sound 3rd”, p1-p16, McGraw-Hill Book

Co., (1983).

3-2） 日本音響学会編、"音響用語辞典"、コロナ社、(1988)。

3-3） 海洋音響学会編、"海洋音響の基礎と応用"、成山堂書店、(2004)。

3-4）鳥羽利男、「「海中音響兵器ソーナー」出現と発展」、p101-p107、『軍事研究』5.101 (2009)。

3-5） http://www.navy.mil/view_single.asp?id=2746

3-6） http://www.dodmedia.osd.mil/Assets/2004/Navy/DN-SC-04-10809.JPEG

3-7） http://jproc.ca/sari/asd_et2.html

3-8） http://chikyu-to-umi.com/n_shiki/20a.htm

3-9） 土井全二郎、"陸軍潜水艦"、p140-p141、光人社、(2010)。

3-10）五十嵐寿一、"ピエゾ電気の誘い—音響入門の頃—"、『小林理研ニュース』No.61、(1998)。

3-11） 沖電気工業株式会社編、"進取の精神—沖電気120年のあゆみ—"、p67-p79、(2001)。

3-12） 山内英正、"旧制「甲陽中学校」・「甲陽工業専門学校」における暁部隊（陸軍船舶情報連隊）の駐屯"、p 9 -p21、『歴史と神戸』第43巻第 1 号、(2004)。

3-13） http://koshien-stadium.tblog.jp/?eid=66525

3-14） 野村浩泰、"ソノケミストリーの歴史（ 2 ）"、『日本ソノケミストリー学会誌』（ 4 ） 9 、(2008)。

3-15） http://www.thalesgroup.com/naval/

3-16）新家富雄他、"200Hz低周波音源の開発"、p56、海洋科学技術センター試験研究報告（29） 3 、(1993)。

3-17） http://www.nrl.navy.mil/research/nrl-review/2004/optical-sciences/dandridge/

3-18） http://www.soundmetrics.com/

3-19） http://www.ultra-ms.com/pdfs/

3-20） 五十嵐、"水中音響における信号処理技術"、日本音響学会誌、Vol.40、No 11、1984、pp.757-763.

3-21） 尾崎、"浅海域環境におけるソーナー信号検出処理の動向"、防衛技術ジャーナル、Vol.29、No. 6 、2009、pp. 6 -13.

3-22） 大道、"ソーナー信号処理について"、海洋音響学会誌、Vol.20、No. 3 、1993、pp.119-123.

3-23） 防衛技術ジャーナル編集部編、"海上防衛技術のすべて"、防衛技術協会、2007.

3-24） 海洋音響学会編、"海洋音響の基礎と応用"、成山堂書店、2004.

3-25） Robert J. Urick, "Principles of Underwater Sound 3dr", McGraw-Hill Book Co., 1983.

3-26） 永田、"適合整相処理による流体雑音低減処理技術について"、防衛技術ジャーナル、Vol.23、No. 5 、2003、pp.43-47.

3-27） L. J. Griffiths and C. W. Jim, "An Alternative Approach to Linearly Constrained Adaptive Beamforming", IEEE. Trans. On Antennas, VOL. AP-30, No.1, 1982, pp.27-34.

3-28） 小濱他、"特集 最近のソーナー技術"、超音波TECHNO、Vol.13、No4、2001、pp.2-35.

3-29） 武捨、"ソーナーの新技術—環境適合型ソーナーについて"、海洋音響学会誌、Vol.33、No.1、2006、pp.31-42.

3-30）斯波、"アクティブソーナー信号処理の基礎"、海洋音響学会誌、Vol.40、No.3、2013、pp.241-247.

3-31）H. M. South et al, "Technologies for Sonar Processing", Johns Hopkins APL Technical Digest, VOL.19, No.4, 1998, pp.459-469.

3-32）A. Cederholm et al, "Jamming Cancellation - A Means To Enhance Surveillance Performance", Proceedings of UDT Europe 2007, 4D2.

3-33）http://www.mod.go.jp/msdf/mf/touksyu/chkiraisen.pdf

3-34）http://faculty.nps.edu/pcchu/web_paper/thesis/06Mar_Allen.pdf

3-35）http://www.hsdl.org/?view&did=716425

3-36）http://www.minwara.org/Meetings/2009_05/Presentations/tuespdf/MINE_AWAYThreat_Mason.pdf

3-37）海軍水雷史刊行会"海軍水雷史"、信行社、（1979）。

3-38）防衛技術ジャーナル編集部編、"海上防衛技術のすべて"、防衛技術協会、（2007）。

3-39）http://www.navweaps.com/

3-40）http://www.designation-systems.net/

3-41）http://www.u-historia.com/

3-42）http://www.one35th.com/submarine/molch_topedo.htm

3-43）http://www.kbismarck.org/foro/viewtopic.php?f=20&t=78&start=15

3-44）http://www.designation-systems.net/dusrm/r-5.html

3-45）http://www.navy.mil/view_image.asp?id=76856

3-46）http://www.navweaps.com/Weapons/WTUS_PostWWII.htm

3-47）http://www.ultra-os.com/special.php

3-48）JANE、"Jane's UNDERWATER WARFARE SYSTEMS 2003-2004"。

3-49）http://www.ultra-os.com/torpedo.php

3-50）http://news.usni.org/2013/06/20/navy-develops-torpedo-killing-torpedo

3-51）http://www.eurotorp.com

3-52）http://www.jamstec.go.jp/j/kids/jiyu-kenkyu/006/index.html

3-53）Robert J. Urick, 三好章夫訳、水中音響学　119頁　（株）エスケイピー（2007）。

3-54）http://www.mod.go.jp/trdi/research/dts2010.files/R3/R3-4.pdf

3-55）遠藤行俊、世界で初めて本格的に使用された魚雷と機雷　防衛技術ジャーナル　2009年4月号（2009）。

3-56）http://www.mod.go.jp/msdf/mf/touksyu/chkiraisen.pdf

3-57）http://www.defense.gouv.fr/layout/set/popup/base-de-medias/images/ema/sitta/euronaval-2010/mine-asteria-sei

3-58）http://vldb.gsi.go.jp/sokuchi/geomag/

3-59）義井胤景、磁気工学　海文堂（1969）。

3-60）http://www.mod.go.jp/trdi/research/R4-4p.pdf

3-61）http://www.navy.mil/view_single.asp?id=4644

3-62）http://www.navy.mil/navydata/cno/n87/usw/issue_8/centerf2sm.gif

3-63）http://www.mod.go.jp/j/approach/hyouka/seisaku/results/14/jigo/sankou/12.pdf

3-64）http://www.marina.difesa.it/uominimezzi/navi/Pagine/Rimini.aspx

3-65）木下、プロペラ材料について、日本機械学会誌　第61巻第477号（1958）。

3-66）http://www.mod.go.jp/trdi/research/P2/P2-1.pdf

3-67）http://www.cis-ship.com/pr_antif.php

3-68）http://systems.polyamp.com/2012-07-03-14-10-49/uep-and-elfe.html

3-69）http://www.clearing.mod.go.jp/hakusho_data/2011/2011/html/n3431000.html

3-70）http://www.jpo.go.jp/seido/rekishi/pdf/08yagi.pdf

3-71）http://sts.kahaku.go.jp/diversity/document/system/pdf/024.pdf

3-72）http://www.armedforces-int.com/suppliers/underwater-electric-sensors.html

3-73）http://www.comsol.com/cd/direct/conf/2012/papers/11110/11815_schaefer_
presentation.pdf

3-74）http://www.beasy.com/brochures/corrosion/Signature Management.html

3-75）MU Lan, The caracteristic research of foreign warship's electric field and its
application on mine warfare. SHIP SCIENCEAND TECHNOLOGY Vol. 34, No. 9 Sep
2012.

4-1）モデリング＆シミュレーション　経団連・防衛生産委員会（2002.3）4章。

4-2）http://www.peostri.army.mil/PRODUCTS/ONESAF/

4-3）http://tbe.com/missionsystems/eadsim

4-4）http://www.raytheon.com/news/technology_today/archive/2013_i1.pdf

4-5）ソフトウェア工学　有沢誠　岩波書店（1988）3章。

4-6）モデリング＆シミュレーション　経団連・防衛生産委員会（2002.3）3.1.3項。

4-7）Andreas Tolk, Engineering Principles of Combat Modeling and Distributed
Simulation, John Wiley & Sons, 2011.

4-8）Osman Balci, Verification, Validation and Testing, In: The Handbook of Simulation,
John Wiley & Sons, 1998.

4-9）IEEE Std 1278.4-1997, IEEE Trial-Use Recommended Practice for Distributed
Interactive Simulation-Verification, Validation and Accreditation.

4-10）IEEE Std 1516.3-2003, IEEE Recommended Practice for High Level Architecture
（HLA）-Federation Development and Execution Process（FEDEP）.

4-11）IEEE Std 1516.4-2007, IEEE Recommended Practice for Verification, Validation, and
Accreditation of a Federation-An Overlay to the High Level Architecture Federation
Development and Execution Process.

4-12）IEEE Std 1730-2010, IEEE Recommended Practice for Distributed Simulation
Engineering and Execution Process（DSEEP）.

4-13）VV&A RPG, http://www.msco.mil/VVA_RPG.html

4-14）SISO, https://www.sisostds.org/

4-15）防衛省ホームページ、M&Sガイドラインについて、http://www.clearing.mod.go.jp/
kunrei_data/j_fd/2015/jz20151001_00039_000.pdf

4-16）災害の特質、http://pub.maruzen.co.jp/index/kokai/oyoshinri/558.pdf

4-17）自然災害と防災の辞典、京都大学防災研究所監修 寶馨、戸田圭一、橋本学編集（2011）.

4-18）山口充弘、災害シミュレーション技術の動向、http://data.nistep.go.jp/dspace/
bitstream/11035/1401/1/NISTEP-STT013-33.pdf

4-19）井田重明、自然災害シミュレーションの現状と課題（防災シミュレーションセミ
ナー資料）、http://www.advancesoft.jp/support/download/74simlib_semminar_
20130425_01.html

4-20）井田重明、防災シミュレーションの重要性について（技術セミナー資料）、http://
www.advancesoft.jp/support/download/simlib_semminar_20090107_00.html

4-21）井田重明、自然災害の予測とシミュレーション（技術セミナー資料）、http://www.
advancesoft.jp/support/download/simlib_semminar_20090107_01.html

4-22）湊明彦、火山噴火 津波シミュレーション（技術セミナー資料）、http://www.
advancesoft.jp/support/download/simlib_semminar_20090107_02.html

4-23）須藤仁、服部康男、土志田潔、降下火山灰影響評価のための噴煙柱の数値流体解析（そ
の1）―噴煙形状に及ぼす乱流モデルの影響評価―、電力中央研究所報告（研究報告
N12003）（2012）.

4-24）須藤仁、服部康男、土志田潔、数値流体解析を用いた降下火山灰のハザード評価技術
の現状と課題、日本風工学会誌Vol. 38、No. 4、pp.416-425（2013）.

4-25）江頭進治、伊藤隆郭、土石流の数値シミュレーション、日本流体力学会数値流体力学
部門Web会誌、Vol.12、No.2（2004）.

4-26）数値シミュレーションによる土石流の流動範囲予測（＜特集＞自然災害予測とその活
用）、http://ci.nii.ac.jp/naid/110009418783

4-27）吉岡逸夫、有害危険物質の屋内拡散予測システムの現状―テロ対策の観点からみたシ
ミュレーション―、アドバンスシミュレーション Vol.6、No12、pp.43-52、（2010）.

4-28）都市街区気象シミュレーションのためのLESモデルの開発、https://www.restec.
or.jp/recca/_public/2013_data/20130903/B01_Kusaka.pdf

4-29）気象・物質輸送モデルにおけるデータ同化、http://www.nagare.or.jp/download/
noauth.html?d=28-1tokushu06.pdf&dir=81

4-30）ターミナル駅構内におけるCBRテロへの対処行動の影響分析、http://jaws-web.org/
event/jaws2011/index.php?plugin=attach&refer=ShortPaperDownload&openfile=71.
pdf

4-31）GISの汎用的データ変換手法と災害シミュレーションレイヤの構築、http://library.
jsce.or.jp/jsce/open/00035/2008/63-01/63-01-0331.pdf

4-32）戦略的創造研究推進事業―CRESTタイプ―研究領域「マルチスケール・マルチフィ
ジックス現象の統合シミュレーション」、http://www.jst.go.jp/pr/evaluation/problem/
problem2/kisoken/h24/201307/sanko/ shiryo_12.pdf

4-33）都市の環境問題を体感する～シミュレーションとVR（バーチャルリアリティ）で
街を再現～、http://www.cybernet.co.jp/magazine/cybernet_news/archive/131/
no131_24-25.html

4-34）大規模災害を想定した 避難シミュレーションの現状と課題、http://www.jsces.org/
koenkai/17/_Sympo/documents/Yasufuku.pdf

4-35）各国（日本、米国、英国、仏国）における 確率論的リスク評価の活用状況、http://www.meti.go.jp/committee/sougouenergy/denkijigyou/jishutekianzensei/pdf/005_01_00.pdf

4-36）実在市街地における浮力効果を考慮したガス拡散の大規模数値予測、https://www.riam.kyushu-u.ac.jp/windeng/img/aboutus_detail_image/RIAM- report2012-gas-diffusion.pdf

4-37）確率論的津波リスク計量モデルの開発、http://www.cybernet.co.jp/avs/documents/pdf/seminar_event/conf/19/3-3.pdf

4-38）平成16年度 特許出願技術動向調査報告書 自然災害対策関連技術（要約版）、https://www.jpo.go.jp/shiryou/pdf/gidou-houkoku/16society_natural_hazard.pdf

4-39）平成26年度 特許出願技術動向調査報告書（概要）防災・減災関連技術、https://www.jpo.go.jp/shiryou/pdf/gidou-houkoku/26_5.pdf

4-40）防災機関における火山シミュレーションの取り組み、http://www.eri.u-tokyo.ac.jp/TAK-LAB/general/meeting/2007ES/Ishimine.pdf

4-41）今後のHPCI計画推進の在り方について（中間報告）、http://www.mext.go.jp/component/b_menu/shingi/toushin/__icsFiles/afieldfile/2013/07/10/1337600_2.pdf

4-42）「京」コンピュータによる地震津波複合災害の展望、http://www.jamstec.go.jp/esc/sympo2011/pdf/kaneda_110921.pdf

4-43）海外の水理・水文・水質シミュレーションモデルの開発・運用体制、http://www.nilim.go.jp/lab/bcg/siryou/tnn/tnn0410pdf/ks0410007.pdf

4-44）火山灰の輸送シミュレーションと航空路火山灰情報、http://www.eri.u-tokyo.ac.jp/people/yujiro/meeting/2010ES/14Shimbori.pdf

4-45）レジリエントな防災・減災機能の強化リアルタイムな災害情報の共有と利活用、http://www8.cao.go.jp/cstp/gaiyo/sip/140205ws/sip_nakashima0205.pdf

5-1）http://sanlab.kz.tsukuba.ac.jp/?page_id=51（参照日：平成28年7月10日）

5-2）http://innophys.jp/（参照日：平成28年6月30日）

5-3）http://www.sagawaelectronics.com/index.html（参照日：平成28年6月30日）

5-4）JIS B 8445：2016. ロボット及びロボティックデバイス—生活支援ロボットの安全要求事項.

5-5）http://www.lockheedmartin.com/content/dam/lockheed/data/mfc/pc/hulc/mfc-hulc-pc-01.pdf（参照日：平成28年6月30日）

5-6）http://www.rb3d.com/en/exo/（参照日：平成28年7月10日）

5-7）https://www.youtube.com/watch?v=YJaOLWtHF14（参照日：平成28年6月30日）

5-8）https://www.youtube.com/watch?v=QcIH4eGJHXU（参照日：平成28年6月30日）

5-9）http://www.mod.go.jp/trdi/org/pdf/27gaisan.pdf（参照日：平成28年6月30日）

5-10）http://www.cyberdyne.jp/products/LowerLimb_medical_jp.html（参照日：平成28年6月30日）

5-11）佐藤帆紡、川畑共良、田中文英、山海嘉之、ロボットスーツHAL による移乗介助動作の支援、日本機械学会論文集C編Vol.76 No.762（2010）、p.227-235.

5-12) 佐藤千恵、横矢重治、渡邊博美、梅原英之、中村裕紀、小林宏、腰補助用マッスルスーツ®のフィールドテスト（物流の作業現場への適用）、日本機械学会論文集C編Vol.79（2013）No.806、p.3525-3538.

5-13) http://www.honda.co.jp/robotics/rhythm/（参照日：平成28年6月30日）

5-14) http://bleex.me.berkeley.edu/research/exoskeleton/bleex/（参照日：平成28年6月30日）

5-15) http://biodesign.seas.harvard.edu/soft-exosuits（参照日：平成28年6月30日）

5-16) https://www.sri.com/sites/default/files/brochures/superflex.pdf（参照日：平成28年6月30日）

5-17) http://multivu.prnewswire.com/mnr/raytheon/46273/（参照日：平成28年7月10日）

5-18) http://www.gereports.com/post/78574114995/the-story-behind-the-real-iron-man-suit/（参照日：平成28年6月30日）

5-19) http://www.honda.co.jp/ASIMO/（参照日：平成28年6月30日）

5-20) http://www.aist.go.jp/aist_j/press_release/pr2010/pr20100915/pr20100915.html（参照日：平成28年6月30日）

5-21) http://www.intuitivesurgical.com/products/davinci_surgical_system/（参照日：平成28年7月10日）

5-22) http://www.geomagic.com/files/6114/3940/9416/Haptic_Device_brochure-8-2015-final.pdf（参照日：平成28年7月10日）

5-23) http://www.design-lab.iis.u-tokyo.ac.jp/sub_project.php?project_id=prosthetic_legs&id=rabbit（参照日：平成28年7月10日）

5-24) http://xiborg.jp/（参照日：平成28年6月30日）

5-25) 石井喜八、西山哲成、スポーツ動作学入門、市村出版.

5-26) JIS B 9700：2013. 機械類の安全性—設計のための一般原則—リスクアセスメント及びリスク低減.

5-27) 電力自由化がわかる本　木舟辰平・柳沼倫彦　洋泉社（2016.4）.

5-28) スマートエネルギーネットワーク最前線　エヌ・ティー・エス（2012.4）.

5-29) スマートエネルギー　日経BP（2009.11）.

5-30) 分散蓄電池による電力需給調整ソリューション　工藤耕治・橋本龍・佐久間寿人　NEC技報　第68巻　第2号（2016.2）.

5-31) 再生可能エネルギー導入をもたらすエネルギー管理と蓄電池制御　林秀樹　電気学会誌　第132巻第10号（2012.10）.

5-32) エネルギー白書2015　資源エネルギー庁（2015.7）.

5-33) 北米における電力系統安定化ソリューションの紹介および今後の展望　堀井博夫・齋藤直・本澤純・別府賢一郎・武田賢治・小海裕　日立評論　第97巻第12号（2015.12）.

5-34) http://www.meti.go.jp/report/downloadfiles/g20220gj.pdf

5-35) 燃料電池車の開発状況　中村徳彦　FUJITSU TEN Technical Report　第20巻第2号（2008.3）.

5-36) 再生可能エネルギーと大規模電力貯蔵　太田健一郎　日刊工業新聞社（2012.3）.

5-37) スマートグリッドを支える電力システム技術　スマートグリッド実現に向けた電力系

統技術調査専門委員会編　電気学会（2014.12）.

5-38）http://www.northropgrumman.com/Capabilities/DefenseSupportProgram/Pages/default.aspx

5-39）http://www. lockheedmartin. com/us/products/sbirs. html

5-40）SBIRS Transformational Capability, Col Roger Teague, Commander, Space Group Space Based Infrared Systems Wing, Space and Missile Systems Center（SMC）, 30 November 2006.

5-41）Rocket Exhaust Plume Phenomenology, AIAA, p40

5-42）http://www.kusastro.kyoto-u.ac.jp/~iwamuro/LECTURE/OBS/atmos.html

5-43）http://www.jma.go.jp/jp/gms/

5-44）http://www.mod.go.jp/atla/center.html

5-45）http://spaceinfo.jaxa.jp/ja/types_orbits.html

5-46）http://www.airforce-technology.com/projects/ors-1-reconnaissance-satellite/ors-1-reconnaissance-satellite1.html

5-47）http://www.jst.go.jp/impact/program/13.html

5-48）http://www.space-airbusds.com/en/news2/real-time-video-from-space-go-3s-satellite.html

5-49）Huihui Song, Bo Huang, Qingshan Liu, and Kaihua Zhang, "Improving the Spatial Resolution of Landsat TM/ETM＋ Through Fusion With SPOT5 Images via Learning-Based Super-Resolution," IEEE TRANSACTIONS ON GEOSCIENCE AND REMOTE SENSING, p. p. 1195-1204, Vol.53, No.3, Mar. 2015.

好評発売中！

防衛技術選書 新・兵器と防衛技術シリーズ(全4巻)

〈第1巻〉航空装備の最新技術
 軍用航空機システム／航空エンジンシステム／誘導武器システム／無人機技術
と戦闘機搭乗員のライフサポートシステム

〈第2巻〉電子装備の最新技術
 情報システム技術／通信システム技術／センシングシステム技術／電子戦技術
／指向性エネルギー技術

〈第3巻〉陸上装備の最新技術
 戦闘車両技術／装甲および耐弾防護技術／火器・弾薬技術／施設技術／ＣＢＲ
Ｎ技術

〈第4巻〉艦艇装備&先進装備の最新技術
 艦艇システム技術／艦艇航走技術／艦艇探知技術／モデリング&シミュレーシ
ョン技術／先進装備技術

〈防衛技術選書〉新・兵器と防衛技術シリーズ④

艦艇装備&先進装備の最新技術

2018年6月10日　初版　第1刷発行

編　者　　防衛技術ジャーナル編集部
発行所　　一般財団法人 防衛技術協会
　　　　　東京都文京区本郷3−23−14　ショウエイビル9F（〒113-0033）
　　　　　電　話　03−5941−7620
　　　　　ＦＡＸ　03−5941−7651
　　　　　ＵＲＬ　http://www.defense-tech.or.jp
　　　　　E-mail　dt.journal@defense-tech.or.jp
印刷・製本　ヨシダ印刷株式会社